你 问 我 答

草菇、猴头菇、柳松菇、滑菇
生产技术问答

张海兰　主编

黄春燕　曹德宾　副主编

化学工业出版社
·北京·

本书总结并选择了草菇、猴头菇、柳松菇、滑菇栽培中带有普遍性或倾向性的问题，主要对生产中普遍发生的技术问题进行了解答，近年来的相关新技术亦贯穿其中，其中，很多新技术以及方法、设想等，是从未发表、仅在极个别的咨询中曾经交流过，如草菇的生料栽培和玉米芯整料栽培，加工品的市场以及发展等，再如近年在实践中一定范围内应用的鲜菇保鲜方法等，我们将之进行归类，使技术问题更加具体化、更加实用化，并且更加方便阅读和查找，而且，我们的语言也尽量贴近民众、尽量口语化，更加接地气，相信会更加符合时下我国食用菌产业中草菇、猴头菇、柳松菇、滑菇生产的基本国情，也符合产业发展的基本要求。

图书在版编目（CIP）数据

草菇、猴头菇、柳松菇、滑菇生产技术问答/张海兰主编 . —北京：化学工业出版社，2016.8
（你问我答）
ISBN 978-7-122-27469-4

Ⅰ．①草…　Ⅱ．①张…　Ⅲ．①食用菌-蔬菜园艺-问题解答　Ⅳ．①S646-44

中国版本图书馆 CIP 数据核字（2016）第 145223 号

责任编辑：张　彦　　　　　　文字编辑：林　丹
责任校对：宋　玮　　　　　　装帧设计：关　飞

出版发行：化学工业出版社（北京市东城区青年湖南街 13 号　邮政编码 100011）
印　　装：大厂聚鑫印刷有限责任公司
850mm×1168mm　1/32　印张 4¾　字数 115 千字
2016 年 10 月北京第 1 版第 1 次印刷

购书咨询：010-64518888（传真：010-64519686）　　售后服务：010-64518899
网　　址：http：// www.cip.com.cn
凡购买本书，如有缺损质量问题，本社销售中心负责调换。

定　　价：25.00 元　　　　　　　　　　版权所有　违者必究

前　　言

食用菌实际生产中，不少菇农甚至企业技术员手持书本却不得要领，有时不但不能解决问题，甚至屡屡发生病急乱投医、乱用药滥用药等诸多问题，我们总结其主要原因就是事情多、任务重或者浮躁心理导致不能坐下来静心看书，而且不少人虽然看书，但不善于总结和分析并且领会书中的精华所在，况且，一般书中的内容多为平铺直叙，如同流水线一般似乎没有重点，针对性不强、实用性不足，最终的结果是书本的使用效率不高、利用效果欠佳，并且，受网络等快餐文化的影响，一般人也难以静下心来认真读书，最终结果是将会严重影响从业者购书看书的积极性。

本书最大限度的集中了我们多年来积累的经验和近年来的研究中初步得到的最新技术，其中不乏尚未公开的技术内容，比如草菇的玉米芯整料栽培、生料栽培等，再如近年在实践中一定范围内应用的鲜菇保鲜方法等，这在此前的书中是无法看到的，相信会对读者开阔思路、运用技术、提高生产效益等均具理想的效果。

本书由张海兰任主编、黄春燕、曹德宾任副主编，参加编写工作的还有刘海燕、孙庆温、万鲁长、王广来、杨鹏、张昌爱、郑政。

本书编写期间，尤其是调研座谈期间，得到了广大业内人士一线生产者和食用菌爱好者、专家、学者以及各地朋友们的慷慨帮助，尤其得到了合作单位的鼎力相助，在此一并致谢！

编者

2016 年 7 月于济南

目　　录

第一章 草菇生产问题

第一节 草菇生产的基本问题

1. 草菇属于什么温型的品种？

草菇，纯高温品种，一般菌株 28℃ 以下不会分化菇蕾，个别时段 26℃ 时也可现蕾，但其温度基础必须是盛夏季节，具有较高的地温基础，如三伏季节的台风暴雨气候，气温骤降至 26℃ 以下，但草菇依然可以现蕾并可正常生长，这属于特定的季节和时段；而在反季节室内栽培时，不要期望 26℃ 以下可以正常生长。

2. 草菇有何典型特点？

草菇有三个典型特点。

第一，适应高温的特点。较之灵芝等高温品种，草菇要求的温度条件还要高，高温平菇如鲁夏一号、鲁夏二号以及高温姬菇甚至大杯伞等，适应的温度条件都不如草菇高；这就是草菇的典型特性之一。

第二，长速超快的特点。较之平菇等生长周期短的品种，草菇是独一无二的速生型食用菌，从播种到收获，仅需 10 天左右，最短的 4 天即有菇蕾现出，晚的也不会超过 15 天，一般一批投料约在 30 天内完成，这是任何食用菌品种也不能比拟的特点。

第三，不耐储存的特点。早晨采收的鲜菇，10 点左右就开伞了。一旦开伞，就会丧失商品价值；并且，一般的食用菌可以 2～4℃ 低温暂存鲜菇，如香菇可以储存 1 周，金针菇 10 天左右、平菇 5 天左右等，该种低温条件下储存草菇，仅需一夜，即可析出黄水，丧失食用价值。

3. 草菇缘何成为唯一的"中国蘑菇"?

据资料考证,我国是进行最早人工栽培草菇的国家,此后,草菇菌种输送到各国,国外虽有栽培,但面积等较之我国相去甚远。尤其改革开放以来,我国农村的率先改革,无疑给草菇的生产奠定了良好的土地基础、人工基础、技术普及基础以及经营基础,使得草菇的栽培面积得以快速增加,总产量约以超过 20% 的速度在增长。

4. 欧洲消费者因何青睐草菇?

我国的草菇产品,自 20 世纪 80 年代以来,就以出口欧亚等发达国家为主,尤其受到欧洲国家消费者的广泛青睐。据分析,除草菇的营养外,根本原因就是草菇嫩滑、鲜美和特殊的气味,使人"一吃不忘,没齿难忘",但凡品尝过草菇的人都会有此感觉。

5. "超鲜菇"的名号因何而起?

"超鲜菇"是人们对草菇的爱称,究其原因就是草菇独特的鲜美,加之特有的嫩滑口感,特别是草菇的"土味",尤其受到部分消费者特别的追捧,他们认为,只有这个味道,才真的像是从土里长出来的蘑菇。

6. 草菇需要什么原料?

草菇,属草腐菌,因此,栽培基料应该是腐熟或半腐熟的,基本原料应为软质或偏软质的秸秆类如麦草、稻草以及玉米秸、玉米芯,以及部分工业副产品如木糖渣、甘蔗渣、废棉渣等。甚至,在腐烂的泡桐树桩上,也可以长出野生草菇,虽然效果不很理想,但毕竟已经脱出"必须使用软秸秆"的理论圈子,无疑将为草菇的栽培提供了更广泛的原料资源渠道。此外,某些牲畜粪便也是较好的栽培原料,如牛粪、羊粪以及猪粪等,但是必须经过腐熟处理,以免产热烧死草菇菌丝,并且经过腐熟处理后,可以最大限度地消除其中的病虫害。

7. 草菇的"设施化栽培"用什么原料？

草菇的"设施化栽培"，由于机械化程度较高、人工干预的操作相应减少，因此，多选用秸秆类物质，进行机械的处理方法包括铡段、浸水、发酵等，因此，添加的辅料中一般不使用粪便类原料。此外，由于粪便类原料不可避免的臭味，令周边居民群情激愤，因此，尤其发达国家的草菇生产中是绝对不会采用牲畜粪便类原料的。

8. 棉籽壳栽培如何配方？

棉籽壳 250 千克，复合肥 2.5 千克，石灰粉 5 千克，石膏粉 5 千克，三维精素 120 克。顺季栽培时，尚应加入 150 克赛百 09 药物，借以杀灭基料中的病原菌。如果生产条件比较恶劣，还可在基料中加入适量阿维菌素药物，以防治虫害。

9. 棉籽壳原料有何优势？

棉籽壳原料的优势主要有三，一是营养全面丰富，碳氮比较为适宜，为草菇菌丝和子实体生长提供了营养基础；二是颗粒均匀、适中，通透性好，尤其适宜草菇菌丝发育；三是棉籽壳质地软硬结合，既可为草菇提供速效营养，又因为硬壳的硬度较大，可以支撑较长时间的菌丝分解。

10. 棉籽壳原料有何弊端？

由于某些国际性原因，国际棉价持续下滑，进口棉花价格远远低于国产棉花，导致我国棉花播种面积不断萎缩，加之我国食用菌生产一直保持较高的增长态势，从而使得棉籽壳原料货紧价俏，近三四年时间价格的最高时段吨价曾经超过 2400 元大关，令人惊叹！因此，现在的草菇生产几乎没有人再使用棉籽壳原料了，即使反季生产，也多是采用诸如废棉渣之类的原料。

11. 玉米芯栽培如何配方？

玉米芯 225 千克，麦麸 25 千克，豆饼粉 4 千克，复合肥 3 千克，石灰粉 10 千克，石膏粉 5 千克，三维精素 120 克，赛百 09 药物 150 克。

12. 玉米芯原料有何优势？

玉米芯原料的优势主要有二，一是资源较多，价格偏低，一般市场价格约为棉籽壳的 1/3～1/2，现已经作为一些企业的主营业务；二是用于栽培的生物学效率并不比棉籽壳低，因此，生产效益就会有较大保障，收到用户的广泛好评。

13. 玉米芯原料有何弊端？

玉米芯原料用于栽培，一些用户在尚未掌握要领的前提下，感觉吸水难度大、不好拌料、污染率高等，这就是玉米芯的最大弊端。另外，由于玉米芯原料的营养含量低，必须进行科学合理的配方，否则就会出现发菌时菌丝的旺盛度不足、生物量受影响等现象。

14. 粪草基料栽培如何配方？

粪草基料用于栽培草菇，多采取一种或多种秸秆原料配以发酵腐熟的粪肥如牛粪、猪粪、鸡粪等办法，多是具有多年经验的用户根据经验进行调配，用于栽培的效果不错。

麦草、稻草各 80 千克，牛粪粉 90 千克，复合肥 2 千克，石灰粉 10 千克，石膏粉 5 千克，三维精素 120 克，赛百 09 药物 150 克。

15. 粪草基料原料有何优势？

粪草基料的最大优势有三，一是有机营养成分高，其中的速效营养尽可满足草菇菌丝前期营养生长的需要，待子实体生长阶段，大量的基内菌丝进一步分解基料营养，完全可以满足草菇子实体的需要；二是原料易得，多是农村各地的废弃物，弃之污染环境，用之创造价值，充分利用之后，对于改变或改善农村居住条件、美化环境、改善空气质量，具有莫大的好处；三是成本低廉，可以获得较为理想的生产效益和社会效益。

16. 粪草基料原料有何弊端？

粪草原料的最大弊端是，不便储存。因为粪肥的臭味令人心烦，储存的难度相当大，稍有不慎，就会引起民愤；即使秸秆类，也需要较大的储存场所，如果露天存放，不可避免的也会发生受潮腐烂、产生污染，甚至具有火灾的潜在危险。

17. 豆秸粉栽培如何配方？

豆秸粉 200 千克，玉米芯 50 千克，石灰粉 10 千克，石膏粉 5 千克，三维精素 120 克，赛百 09 药物 150 克。

该配方中加入玉米芯的原因是有利于通气。如果豆秸粉粉碎的粒度合适，不会影响基料的通透性，则不必加入玉米芯。

18. 豆秸粉原料有何优势？

豆秸粉原料的主要优势是，含氮量高；质地软硬适中，便于处理并且适宜栽培等。尤其在东北等大豆的集中产区，豆秸粉的市场价格非常低廉，个别地区甚至豆秸本身不需要费用，所谓的成本也就是豆秸的粉碎费用。当然，大部分地区还是没有该种资源条件的，如山东等地，即使不适合大豆的主产区，豆秸的价格也低于棉籽壳，有时甚至低于玉米芯，甚至低于稻草。

19. 豆秸粉原料有何弊端？

豆秸粉原料的主要弊端是，资源不广，来源不多，仅可满足大豆产区的生产需要，并且由于秸秆价值的偏低，不宜长途运输，运输半径一般维持在 150 千米左右，因此，至少目前来看尚无法广泛流通。

20. 废棉栽培如何配方？

废棉 130 千克，玉米芯 100 千克，麦麸 20 千克，豆饼粉 3 千克，尿素 2 千克，过磷酸钙 5 千克，石灰粉 8 千克，石膏粉 5 千克，三维精素 120 克，赛百 09 药物 150 克。其中，玉米芯的作用之一是增加通透性。

21. 废棉原料有何优势？

废棉原料的优势很明显，其与棉籽壳属于同宗同族，具有较高的营养价值，只是没有了硬质的皮壳，但其营养物质较之棉籽壳还要高，所以，该种原料由 15 年前的"不值钱"，发展到目前的与棉籽壳基本同价，足见其在生产者心目中的地位。

22. 废棉原料有何弊端？

有优势自然也难免弊端，废棉原料之所以不被大多数生产中所青睐，主要原因就是存在难以吸水、基质通透性很差等问题。虽然在技术熟练者手里废棉是个极好的原料，但由于部分人不会使用，所以即使免费赠予，他们也不敢用于生产。该种态势与玉米芯在 20 世纪 90 年代初期的市场遭遇如出一辙。

23. 蔗渣栽培如何配方？

玉米芯 220 千克，麦麸 30 千克，豆饼粉 5 千克，复合肥 3 千克，石灰粉 10 千克，石膏粉 5 千克，三维精素 120 克，赛百 09 药物 150 克。

24. 蔗渣原料有何优势？

蔗渣原料的最大优势在于，其产出集中，体大量多，自身价值低，生产成本低，从而可以相应的增加生产效益。

25. 蔗渣原料有何弊端？

蔗渣原料的弊端，除了产量偏低外，基本与豆秸、废棉渣等相同，即资源较少，不能全面覆盖草菇生产区域。

26. 沼渣栽培如何配方？

配方一：秸秆类原料的沼渣 200 千克，玉米芯 50 千克，豆饼

3 千克，石灰粉 6 千克，石膏粉 5 千克，复合肥 3 千克，三维精素 120 克，赛百 09 药物 150 克。

配方二：牛粪（粪肥类）原料的沼渣 150 千克，玉米芯 100 千克，石灰粉 10 千克，石膏粉 5 千克，复合肥 1 千克，三维精素 120 克，赛百 09 药物 150 克。

配方三：薯渣原料的沼渣 120 千克，玉米芯 100 千克，麦麸 30 千克，豆饼 2 千克，石灰粉 10 千克，石膏粉 5 千克，复合肥 2 千克，三维精素 120 克，赛百 09 药物 150 克。

27. 沼渣原料有何优势？

沼渣原料的最大优势主要有三，一是营养物质较多，养分很全面，可以为草菇菌丝提供良好的物质基础；二是经过长时间的厌氧发酵，原料的组织结构已被打开，有利于草菇菌丝的深入和分解利用；三是沼渣原料内的病原菌已在发酵过程被杀灭、害虫及其虫卵等亦被全部杀灭，因此，不存在自身携带病虫害的问题。

28. 沼渣原料有何弊端？

沼渣原料，尤其是以牲畜粪便或薯渣类原料进行发酵的，剩余的沼渣很细碎，如同粉末组织，如果不予科学调配，将会导致基料的通透性很差，影响发菌速度，并会因此而增加污染率。此外，沼渣的晾晒处理过程也是个问题，尤其粪肥原料的沼渣，更是有一股臭味，污染空气的同时，还会对土壤造成污染。

29. 菌糠栽培如何配方？

菌糠废料 150 千克，玉米芯 80 千克，麦麸 20 千克，豆饼粉 4 千克，复合肥 3 千克，石灰粉 8 千克，石膏粉 5 千克，三维精素 120 克，赛百 09 药物 150 克。

30. 菌糠原料有何优势？

菌糠废料的最大优势就是原料的二次利用，最大限度地节约了生物质资源，减少浪费的同时，又会对环境保护等发挥了作用。尤其值得一提的是，经过两次菌丝分解的基料中，含有大量的食用菌菌丝体及其代谢产物，此后的菌糠废料或作有机肥或作花草等基质，其效果均将优于直接使用栽培前的原料。

31. 菌糠原料有何弊端？

作为二次利用的菌糠原料，其进入草菇栽培自然也有其固有的弊端，比如基质的耐分解力差，采收后的料面将会出现塌陷、影响产量等，这一切都依赖于合理的配方和生产操作予以解决。

32. 木屑原料可否用于草菇栽培？

从理论角度来看，是肯定不行的。因为，草菇的草腐菌本质和速生的特性决定了其菌丝根本不能分解和吸收木屑原料的营养；但是，20 世纪 90 年代后期，曾经发现了着生于腐烂的泡桐树桩上的草菇，该现象说明了木屑原料具有可以用于栽培草菇的可能性。

33. 木屑原料如何处理？

根据本节 32 所述，我们是否可以这样进行分析：泡桐树自身的组织疏松，加之树桩任由风吹雨打数年，虽基本保持其原有物理形态，但其已经腐朽（这一点从采收时草菇基部带下一些木质组织可以证明）；在基本腐朽的阶段里，草菇孢子落于其上，恰遇阴雨连绵的天气，仅需数日，孢子萌发的菌丝即已进入疏松的木质结构间隙，待到条件适宜，即可迅速生出菇蕾，长大成菇。

根据以上分析，可以大胆推定，将木屑加入石灰粉等，采取发酵方法使之达到腐烂状态，然后予以接种；或者，为了调配木屑营养，可以加入适量的有机或无机营养物质，可能会达到理想的产出水平。

希望本书读者有意进行类似试验的可以尽快展开试验，借以拓宽草菇栽培的原料来源。

34. 麦草发酵料栽培草菇效果如何？

麦草发酵料栽培草菇，顺季生产的生物学效率一般在 10％左右，个别试验可以超过 30%，效果尚可，但生产效益一直不理想。

35. 麦草发酵料如何处理？

一般处理方法是，麦草泡透后加入适量麦麸、石灰粉等拌匀，进入发酵阶段，隔日翻堆 1 次，发酵约 1 周，摊开料堆，经过调整基料含水率、pH 值以及检查有否活虫和虫卵等或适量喷洒杀虫药等，待料温将至 30℃或常温水平后，即可进棚铺料播种。

36. 麦草有何优势？

发酵料的最大优势，首先是原料得到了软化和分解，利于草菇菌丝的吸收利用；其次是在发酵的同时灭掉或抑制了部分病原菌和害虫。

37. 麦草发酵料有何弊端？

麦草发酵料的弊端很明显。经过发酵处理后，本来很软质的麦草就会更软，经过发菌后，进入采收时就会发现，菌床塌陷的厉害，也就是说，经过发酵后的基料更加不耐分解了，这可能是影响产量的关键所在。

38. 稻（麦）草生料栽培草菇效果如何？

麦草栽培草菇，21 世纪以前的栽培技术，都是使用发酵料模式，生物学效率较低，生产效益一直不好；由于当时的科技水平所决定，基本都是相同或相似的，因此，也就没有好赖之分。

直到 21 世纪初，稻（麦）草生料试验获得成功，生物学效率多稳定在 30%左右，个别的生产超过了 45%大关，才使得麦草栽培草菇在减少发酵处理的人工成本基础上，较大幅度地提高了生物学效率，可以认为是一次技术革命。

39. 稻（麦）草生料如何处理？

稻（麦）草生料的处理很简单，首先根据栽培模式的需要，确定原料规格的长短；其次采用适当的方法将原料泡透，然后根据配方拌料，直接铺床播种就行了。

40. 稻（麦）草生料有何优势？

稻（麦）草生料的生料栽培，不但节约了大量发酵阶段的人工费用，而且，原料未经破坏，营养成分得到了最大的保障。

41. 稻（麦）草生料有何弊端？

稻（麦）草生料的生料栽培也有其固有的弊端，比如生料较易发热，不可铺料过后，一般掌握15厘米以下甚至10厘米即可，否则，即有发热的危险（这烧菌现象，在发酵料栽培中不会经常发生）。

42. 为何整玉米芯更有优势？

20世纪80年代末期，我们即采用粉碎的玉米芯进行栽培试验，取得了理想的结果，此后的相关文章即要求使用碎玉米芯并进行发酵处理；直到后来，偶然的机会发现整玉米芯其实更好操作并且具有不发热、省人工、产量高等优势，经过一系列试验并推开后，得到广泛认知的同时，取得了较高的社会效益。

43. 草菇的"边际效应"是何概念？

在草菇栽培中有一个现象，就是料床的中部位置出菇稀少，而在料床周边出菇多而肥大，这就是我们说的边际效应。该种现象在双孢菇、鸡腿菇生产中表现的明显，除去条件因素外，该类品种发菌时间长、出菇时间长等特点，为边际效应创造了条件。但是，草菇的生产周期较短，其"边际效应"也很明显，究其原因就是周边的土层中被渗入了基料的营养，基料中的菌丝以极快的速度深入到覆土层中，并且越是经过翻耕后疏松的床基，该种现象越发突出。由于该类区域的温度低于料床，因此较之料床顶部出菇稍迟，但是出菇的个体大、很是肥硕，这是我们的发现和分析，请广大读者参考。

44."边际效应"适合何种生产模式?

边际效应不是一定要发生的,而是对栽培方式具有相当强的选择性,比如,多层架集约化栽培的就不会出现边际效应,袋栽的也不会发生边际效应,仅在单层栽培方式中发生,如大棚的单层栽培、树荫下的单层栽培等。

45.如何令边际效应更加突出?

只要做到三点,边际效应将会更加突出,而且等面积上的产量不亚于料床上的产出。

① 栽培床基要求翻松,并吸透水。

② 床基宽度较之料床要大 20 厘米或更多。

③ 两边没有铺料的床基上,一定要予以覆土,甚至较之料床的覆土更厚才好。

此外,尚需栽培基料的营养全面丰富,含水率达到较高水平,如此,边际效应便会自然发生,并且可以达到理想对结果。

46.如何不出现边际效应?

如本节 45 所述的几个条件无法达到,则不会出现或者很难发生边际效应;但是,边际效应毕竟不是栽培技术的必须措施,因此商品生产中是不要求发生边际效应的。只要做到两点,边际效应就不会发生。

① 改变栽培方式:袋栽草菇不会发生边际效应。

② 改变栽培模式:多层栽培架的生产,床基面积被基料占满,没有发生边际效应的空间。

此外,采取一些技术性措施,如料床偏薄如低于 10 厘米、基料营养不足、基料不会发热以及料床周边没有覆土材料等,发生边际效应的概率也会大为降低,或者不会发生边际效应。

47.草菇播后直接覆土怎么操作?

完成播种后,将覆土材料一次性覆于料床上,即为直接覆土;

覆土后用木板刮平，以便于喷水和出菇等管理；根据覆土材料的质地以及物理性状的不同，覆土层厚约 1～3 厘米之间。注意，尽量不要就地取土。

48. 草菇播后直接覆土有何利弊？

草菇播后直接覆土，最大的优势就是保护基料水分和基料温度的稳定，此外，还有预防病原侵染等功效，减少人工费用等好处。但是，直接覆土的弊端也很明显，比如影响基料的通透性、减缓发菌速度等。

49. 草菇完成发菌后覆土如何操作？

草菇完成发菌后的覆土操作，较之刚刚播种后料床的坚韧度大大增强，故较之播后直接覆土的操作简便，床面不易塌陷；但是，由于失水率较高，故应在覆土前对料床进行适当补水。基本方法就是对料床喷水，1 天内连续喷洒 3 次左右，令基料最大限度地吸水，以保障后期出菇对水分的需求。注意，用水的同时，必须加强通风，如遇闷热潮湿天气，则应少喷，甚至不喷水。

50. 草菇完成发菌后覆土有何利弊？

草菇完成发菌后再行覆土操作，最大的优势就是，可使发菌得以顺利无虞、高速无碍地进行，基料一般不会发生产热等现象，最大限度地提前出菇，占领市场。弊端就是，基料失水严重，而且基料发菌期间已经最大程度地接受了外界的病原菌以及虫害等，因此应加强菇棚病虫害的预防以及杀灭。

51. 草菇二次覆土如何操作？

所谓的二次覆土，就是指播后直接覆土 1～2 厘米，该种覆土材料的颗粒最大粒径应在 0.5 厘米左右，属偏粗水平；待数日后发现覆土面上有草菇菌丝后，再行一次覆土操作，同样覆厚 1～2 厘米，该种覆土材料的颗粒度应在 0.3 厘米以下，属于较细型的。

52. 草菇二次覆土有何利弊？

草菇二次覆土，与双孢菇等覆土栽培相同，具有管理精细、同时兼顾保护基料水分、稳定基料温度、免受外来病原菌侵扰等诸多好处，但是，也将同时带有费工费事费力等诸多的弊端，尤其时下人工费用呈现渐行渐高的态势，故不太适合该种方式。因此，应根据自身条件进行选择，不可盲目。

53. 覆土材料的含水多高合适？

就研发实践来看，一般而言，草菇覆土材料的含水率当以30%以下为佳，既有较高的含水，又不至于发生黏结等现象。尤其大面积生产时，一旦偏干，来不及及时补水，覆土材料则会从基料中大量吸收水分，而偏湿后，黏黏糊糊的材料则无法顺利均匀的覆于料面。

54. 直接覆施干土后再喷水是否可行？

当覆土材料含水率偏低时，或者小面积栽培可以及时对覆土进行补水时，也要先行进行覆土操作，然后随即进行喷水湿透覆土层；但是，这里强调的是要及时，一旦延误时间过长，覆土材料则会从基料中大量吸收水分，于后期的出菇不利。

第二节　草菇菌种及市场问题

1. V-35 菌株有何特性？

菌丝近透明状并具金属光泽，定植快，发展速度快，35℃条件正常生长，10℃以下条件死亡。该特点令北方地区的菌种保存很费周折，春季的菌种邮购也成为一个难题。28℃以下很难扭结现蕾，但是已经现蕾后即使遭遇 25℃ 的天气，菇蕾不死亡，并可缓慢生长，而且随着温度的逐渐回升，还能长成为个体较大的子实体。该特点尤其在夏季栽培中突遇台风暴雨时特别突出。子实体大中型，鼠灰色、下部偏白色，往上逐渐加深色泽，至顶尖部位则呈黑色；

体毛密集、不光滑；适应多种秸秆草料以及工业下脚料等原料基质；长速极快，适宜温度条件下，播种后 1 周即可现蕾，出菇较密，产量高而稳定，尤其使用玉米芯基质时，生物学效率可达 50％以上，十分可观。

2. V-42 菌株有何特性？

该菌株是 20 世纪 90 年代末期采集的野生菇分离驯化而得的，生物学性状很是理想，基本与 V-35 相仿，不再赘述。特别在适应原料方面，V-42 的独到之处就是可以分解木屑原料，这一点为生产拓宽了原料来源，很有实用价值。

3. V-23 菌株有何特性？

该菌株子实体大型，特别适合鲜销或烘干，不适合制罐等加工；其余基本特性与 V-35 相似，不再赘述。

4. V110 菌株有何特性？

南方地区某菌所选育的菌株，生物学效率 30％～45％，顶黑、基白，菇体大，苞皮厚，不易开伞，总产较高。

5. V112 菌株有何特性？

南方某菌所选育，黑灰色，菇体大，苞皮厚不易开伞，耐温差，总产较高。

6. "多菇-1" 菌株有何特性？

"多菇-1" 菌株的典型特性就是子实体小型，菇蕾密集发生，色泽偏浅，多为灰白色，该种白，只是灰蒙蒙的白，乌色偏重，性喜高温而不耐高温，一旦达到 33℃以上，菇蕾仅需 6 小时即可开伞，丧失鲜菇的商品价值。

7. "多菇-8" 菌株有何特性？

"多菇-8" 菌株的基本特性与 "多菇-1" 基本相似，只是子实体的个头更小、菇蕾发生的密度更大一些，尤其突出的是死蕾的比例也高达20％以上。

8. "小个头"菌株有何特性？

"小个头"菌株，是一个比较原始的菌株，发生的菇蕾不如"多菇"系列菌株的多，但其个头依然很小，只是死菇的比例很低，该菌株不适合时下的商品生产。据考，该菌株是当初为加工罐头而选育出来的，无需切开或切片，仅需清洗干净就可以了，完整的子实体，更具诱人食欲的作用。

9. "罐头菇"菌株有何特性？

该菌株与"小个头"菌株应为同类，是为加工罐头而选育出来的专用菌株，除色泽稍深外，基本性状完全相同，不再赘述。

10. "高个"菌株有何特性？

"高个"菌株，是20世纪90年代选育出的一个新菌株，其长度与直径之比约为2∶1，明显的偏长，椭圆形而非卵圆形。但是，该菌株要求的温度偏低，其较长的身形是在26～28℃条件下生成的，在常态30℃及以上时，依然表现为卵圆形，生产性状表现的不稳定。

11. 草V365菌株有何特性？

山东省寿光菌所选育的菌株，灰色，耐低温，适温广，产量高。

12. 草V029菌株有何特性？

山东省寿光菌所选育的菌株，不易开伞，保鲜期长，菇型美，产量高。

13. 白草菇菌株有何特性？

白草菇菌株的基本特性就是子实体色浅，即使其顶端位置也是偏浅，最多表现为灰蒙蒙的灰白色，曾被误认为是"银丝草菇"。其余特性与常规菌种相同，不再赘述。

14. 银丝草菇菌株有何特性？

银丝草菇，是我国台湾的一个特殊菌株，基本特就是通体色白，并具纵向的闪光银丝；菇蕾量少，单生，子实体长度稍高；其余特性与常规菌种无异。

15. 为何称为银丝草菇？

之所以称其为银丝草菇，据考，就是因为在阳光下菇体外表呈现闪光的类似银丝的光亮，但其子实体内部结构等与常规菌株相同。

16. 草菇鲜品市场如何？

草菇鲜品市场一直不好，或者说，根本就不存在草菇的鲜菇市场——此话不是绝对，而是一种无奈的现实。由于草菇鲜菇不能储存、保鲜期短暂、采收后数小时即会开伞，一旦开伞即会丧失鲜菇的商品价值，因此草菇无法与其他菇类那般摆柜销售，也不能如平菇、香菇那样 2～4℃低温保鲜。

草菇鲜菇的销售一直存在，据调研，一般都是定点定时的"送货式销售"。以济南某生产基地为例，该处所有的生产，均为自行联系酒店或食堂进行送货，协商规定每天送货的数量和时间，如因事突然增加要货，可提前电联再行协商，待送货时一并带去，以免耽误使用。

反季节栽培草菇的鲜菇市场不存在销售问题，大多采取的是定点送货或自行提货。

17. 草菇可以真空包装吗？

鲜菇不可以真空包装！除非包装后的储存时间很短，如三四个小时，否则不可以，即使只有三四个小时，打开包装后仍会发现菇体周身有类似黏液的物质，并且发出一种类似霉味或食品腐败的气味，令人不快。

18. 草菇可以保鲜吗？

草菇不能低温保鲜，即使常规栽培时常温下也不能保鲜很长时间，4 小时以内尚可，时间越短越好，5 小时后就会开伞，开伞后就会发生自溶等。

19. 草菇矿泉水保鲜如何操作？

草菇使用矿泉水进行临时保鲜，方法是将新鲜草菇装入网袋类盛具，达到既能控制菇体活动、又不妨碍透水的目的；然后放入泡沫箱底，加以固定以防浮起；然后灌入 20℃ 左右的矿泉水，没过草菇 10 厘米左右，常温静置保鲜储存即可。

20. 草菇食盐水保鲜如何操作？

草菇可以使用食盐水保鲜，基本方法是配兑 10％ 左右的食盐溶液，参考本节 19 的方法将草菇投入后，没过 10 厘米左右，可以保鲜 2 天左右。

21. 草菇盐酸溶液保鲜如何操作？

草菇的盐酸溶液保鲜，基本方法是配兑 0.1％ 的盐酸溶液，参考本节 19 的方法没过草菇，可以进行短时保鲜。但是，该方法保鲜的草菇，牵涉食品安全问题，食用前应经相关检测，确认符合食品安全质量后方可食用。

22. 草菇柠檬酸溶液保鲜如何操作？

草菇可以使用柠檬酸溶液进行保鲜，方法是配兑 pH 值为 3～3.5 的柠檬酸溶液，参照本节 19 的方法投入草菇后没过 10 厘米以上，利用水的隔氧、酸的防腐等作用，可以达到短期保鲜的目的。

特别说明，虽然柠檬酸有温和爽快的酸味，普遍用于各种食品的制造，但在本案中，是被当作防腐剂使用的，而且浓度较高，因此，牵涉食品安全问题，必须经过检测，具体可以参考本节 21 等相关内容，不再赘述。

23. 草菇保鲜品市场如何？

由于草菇的不耐储存，于是就开始发展草菇保鲜，那么，草菇保鲜品市场如何？我们可以负责地告诉大家，常温下草菇保鲜品市场不好，原因是草菇不好保鲜、保鲜的成本极高、市场对保鲜品不太感冒。

24. 草菇速冻处理如何？

为了达到保鲜的目的，有的人将草菇作速冻处理。基本方法是将新鲜草菇削净并进行清洗，然后按照每菜（或每餐）所用数量装入塑袋，比如家庭可按 300～400 克（每餐）定量进行包装，酒店可按 500 克左右（每菜）进行包装，食堂根据就餐人数或每菜的用量进行包装；然后放入速冻室进行即时冷冻。说明一下，速冻的草菇外形观感不错，商品性极佳，但是，使用前经化冻后，如同杀青后的形态，软塌塌的很不好看。

25. 草菇如何盐渍？

草菇的盐渍与平菇等相同，只有两点区别。第一，盐渍前必须对鲜菇进行分级，以便盐渍加工的顺利进行；第二，对于大个头菇体，应予切开后盐渍，以保障盐渍品的产品质量。基本工艺流程是新鲜草菇→分级处理→食盐水杀青→流水冷却→沥水等待→投入饱和盐水→干盐封缸→加罩盐渍→倒缸→投入新的饱和盐水→干盐封缸→加罩储存、等待分装。

盐渍加工应注意三点，一是杀青的食盐水调至食盐浓度 10% 以下即可；二是倒缸时将黏菇、烂菇挑出，分析原因并进行及时处理；三是饱和盐水使用柠檬酸调节 pH 值，应达到 3.5 左右。

26. 草菇盐渍品市场如何？

据对国内草菇产品去向以及酒店的调研，结果显示，草菇的盐渍品很受欢迎，这主要的因为草菇口感更劲道、可以长期保存。

27. 草菇如何烘干？

草菇的烘干，一般应选大个头子实体。烘干的工艺流程是新鲜草菇→对半剖开→45℃起烘→逐渐升高→65℃烘干→回潮→剖面重合→真空包装。

烘干加工注意两点，一是剖开但不切断，留下包被以便重合；二是剖面朝上排于烘干篦子。

28. 草菇干品市场如何？

草菇干品市场历来不温不火，难得有高热不退，也难有萎靡不振，属于一种死气沉沉的局面，因此，做烘干加工的不多。

29. 草菇罐头市场如何？

20世纪90年代以前，草菇罐头与双孢菇罐头共同占据市场半壁江山，火了一把；但随着南菇北移的全面铺开，草菇鲜品的越来越多，加之罐头产品价格的居高不下，而被逐渐冷落，时至今日，除在个别超级市场外，大多市场上很难见到。由此看来，虽然草菇不易保鲜，但草菇罐头逐渐退出市场只是时间问题，如果研究出草菇的新技术加工产品被市场接纳，则另当别论。

30. 银丝草菇市场状况如何？

银丝草菇在国内几乎不存在市场问题。偶有种植，多为实验或试验性种植，数量极小，不会进入市场。

第三节 草菇的栽培模式

1. 大棚单层栽培模式是何概念？

大棚单层栽培模式的基本形式，就是在地面上直接修建畦床，然后铺料播种，仅此一层栽培。

2. 大棚单层栽培模式如何操作？

大棚单层栽培模式的操作很简单，直接修建畦床，然后铺料播种，管理出菇即可。

3. 大棚单层栽培模式有何优势？

大棚单层栽培模式的最大优势有二，第一是菇棚内具有广阔的活动空间，方便生产者的操作；第二是由于投料量少、生物量小、出菇量小，因此，不存在通风不良、产热量高等问题，管理很简便。

4. 大棚单层栽培模式有何弊端？

大棚单层栽培模式的主要弊端是，单位土地面积上投料量很少、产菇量很低，而用工量相对较大，尤其在土地价值和劳动力价值越来越高的时下，该种模式应予淘汰。

5. 小拱棚栽培模式是何概念？

小拱棚栽培模式是，在室外修建宽约 1.2～1.6 米的龟背形菌畦，铺料播种并覆土后，在菌畦两边插入竹弓片，上覆塑膜。也可先行插入竹弓片并覆膜后再铺料播种，但因竹弓的存在不方便铺料和播种以及覆土等操作，故多在播种覆土后再插入竹弓片并覆膜。

6. 小拱棚栽培模式如何操作？

小拱棚栽培模式的操作不复杂。第一步，修建菌畦，菌畦两边与地面持平各修一道洇水沟，其作用是灌水后给菌畦补水并兼具给菌畦降温；第二步，铺料、播种、覆土，常规操作；第三步，在菌畦两边间隔 30～50 厘米插入竹弓片，对菌畦喷洒 500 倍百病傻和 1000 倍氯氰菊酯溶液各一遍，然后覆盖塑膜、加盖草苫；第四步，给洇水沟灌满水，并同步将草苫喷湿；第五步，每天夜间将两边塑膜掀开 10 厘米高予以通风散热，直至现蕾；现蕾后应保持小拱棚内的小气候基本稳定，合适条件下，约 5～7 天即可采收。

7. 小拱棚栽培模式有何优势？

小拱棚栽培模式的最大优势，第一是无需修建大棚等设施，菌畦修建很简单，栽培结束后的土地随时可以转作他用；第二是小拱棚可以建于树林里、沟下、墙边等，不拘长短均可，无需占用一块完整的土地；第三是具有天然的供氧条件，无需过多的进行该类管理。在 20 世纪的草菇栽培类试验中，有大约 50％的栽培是在树林下进行的，效果比较理想。

8. 小拱棚栽培模式有何弊端？

小拱棚栽培模式的主要弊端是，拱棚越小，接受外界条件的影响越大，比如温度，仅需半小时左右，小拱棚内的温度就会跟上自然气温。此外，管理相对麻烦，蹲下起来的无限重复，导致劳动强度增大。

9. 室内层架栽培模式是何概念？

室内层架栽培模式是，利用栽培架在室内进行栽培的生产模式，生产上可根据自身条件，设置 4～8 层或更多层的栽培架，该架宽约 1～1.2 米，层高约 40 厘米，方便铺料播种等操作即可。

10. 室内层架栽培模式如何操作？

首先需要根据菇房设施的条件设置栽培架方向以及长度，并预留出通风、光照、控温等设备安装、水电布线的位置，然后设计栽培架的尺寸。一般该种栽培架的承载较大，所以多为固定型，无法经常挪动。基本操作程序是菇房消杀→铺料播种覆土→发菌管理→出菇管理→采收→潮间管理→出菇管理。

① 菇房消杀：百病傻 500 倍液、三百 09 300 倍液、氯氰菊酯 1000 倍液三种药物各喷一遍，密闭菇房，3 天后打开。

② 铺料播种覆土：常规操作；注意铺料厚度以 15 厘米左右为宜，不可过厚，以免生热。

③ 发菌管理：顺季栽培时坚持低温时段通风，反季节栽培的应每 4 小时通风 1 次，每次不低于 1 小时。

④ 出菇管理：顺季栽培时温度自然；反季栽培时温度调控至 28～33℃之间，最佳 28～30℃之间；坚持每 4 小时通风 1 次，保

持二氧化碳浓度低于1%；每天给予500勒克斯光照10小时左右，不可低于8小时。

⑤ 采收：按合同要求采收；自主经营时常规采收，坚持六七分熟采收的原则，以延长自然保鲜时间。

⑥ 潮间管理：可给基料进行补水，必要时也可补充营养，然后避光、低温、给菌丝修养生机的时间。

11. 室内层架栽培模式有何优势？

室内层架栽培模式的主要优势就是，能够充分利用设施空间，最大限度地整合控温控湿控风等资源，适合集约化生产，单位重量的菇品摊入的人工成本相对较低，适合现代社会条件下的商品化生产。

12. 室内层架栽培模式有何弊端？

室内层架栽培模式的弊端是一次性投资较大，尤其生产之初的温控设备以及栽培架等投资，是一笔不小的投入，不是所有生产者都可以如愿的；由于栽培架的间距较小，生产者不易展开手脚，管理人员的劳动强度高；菌糠废料数量庞大，如非企业化经营，单纯的处理难度大。

13. 方格式栽培是何概念？

方格式栽培，是以本节1所述的大棚单层栽培模式或本节5所述的小拱棚栽培模式为基础，在铺料时使用土坯、砖瓦或散土将之割开成为方块状，如畦宽1.2米，则铺料达到1～1.2米距离时用土割开，留有一个隔离层，然后继续铺料；如此便成了一个个的栽培方块区。

14. 方格式栽培如何操作？

方格式栽培，多为使用散土作隔离物，一般隔离距离在20厘米左右，表面看似是方块式栽培，实际上就是一段一段的栽培后形成的一种格局，较之菌畦直铺播种，稍微增加了一点工作量，但是，由于减少了 15% 左右的投料而总产不减，甚至有所增加，所以从经济角度分析，还是比较合算的。

15. 方格式栽培有何优势？

方格式栽培的最大优势是，减少或杜绝了基料发热的问题，尤其使用散土隔离的，隔离带上的出菇数量较多，充分体现了草菇的"边际效应"，并且减少了 15% 左右的投料，无疑降低了一块直接成本。

16. 方格式栽培有何弊端？

方格式栽培的弊端是增加了部分用工，尤其使用处理土作为隔离材料的，增加了约 30% 的覆土材料，同样是增加了用工量。

17. 波浪式栽培是何概念？

所谓波浪式栽培，就是以本节 1 所述的大棚单层栽培模式或本节 5 所述的小拱棚栽培模式为基础，在铺料时利用铺料的厚度形成的一种自然的波浪形，有一定的观赏价值和实用价值。

18. 波浪式栽培如何操作？

波浪式栽培的最大优势，一是减少了约 15% 的投料量；二是比较美观，具有一定的艺术性。

19. 波浪式栽培有何优势？

波浪式栽培的优势是，减少了约 15% 的投料量，并且在总产量不减少的前提下，具有一定的观赏价值。

20. 波浪式栽培有何弊端？

波浪式栽培的弊端是铺料的难度较大，必须在一定操作经验的基础上，根据菌畦的长短等具体条件，借助勾耙等类工具进行操作，非新手所能为之。注意，波浪的最高处基料不能过厚，以免生热；最低处不但要覆土，而且应该予以适当加厚，以使边际效应更好的展现。

21. 小块式栽培是何概念?

小块式栽培,即在林地下,地形条件不适宜修建菇棚或小拱棚时,按照见缝插针的栽培要求,采用的小堆(块)式投料栽培方法,有的可能不足 1 平方米,较大的也仅有数平方米。

22. 小块式栽培如何操作?

小块式栽培,属于不得已而为之的办法之一,如在山地林下,树木茂密、地形复杂,无法采取小拱棚栽培时,为充分利用林地资源而采取的办法。基本操作是按照地形条件,留出作业道后,随机进行铺料播种,覆土材料可以就地取用林地地表土,效果很好;有条件的可以使用竹片和塑膜制作尖顶雨罩,扣在小块料堆上,以防雨水,该方法应该属于仿野生栽培的范畴。

23. 小块式栽培有何优势?

小块式栽培的最大优势是,根据地形地貌、充分利用林地资源进行仿野生栽培,不占用耕地面积,不存在与粮争地的问题,并且,剩余的菌糠废料又可为林木的生长提高较好的有机营养,一举多得的生产。

24. 小块式栽培有何弊端?

小块式栽培的弊端有三,第一是运输问题不好解决,尤其地形特别复杂的中高海拔林地更是如此;第二是水源不好解决,最好修建蓄水池或采取"蓄水皮囊"储存用水;第三是管理和采收不方便、不及时,应安排专人负责,以免浪费人力物力。

25. 袋栽草菇是何概念?

袋栽草菇,就是采用塑袋装料播种后进行栽培出菇的方法,如同平菇、姬菇等品种的生料或发酵料栽培相同。

26. 袋栽草菇如何操作？

袋栽草菇的具体操作，有两种方法可供借鉴。第一种，将完成处理的基料按照料种比 1∶2 即两头接种的方式，或者料种比 2∶3 即两层料、三次播种的方式，如平菇、鸡腿菇等品种的装袋播种；第二种，基料处理后，将菌种加入，拌匀后即时予以装袋；前者用工量大，但发菌效果好一些，后者装袋速度高，但发菌稍慢。

27. 袋栽草菇有何优势？

袋栽草菇的最大优势有二，一是省却了覆土材料和覆土操作；二是产出的菇品不会携带任何泥沙等杂物，并且较之覆土栽培，长出的子实体略细略长一些，色泽似乎也偏白。这是否与光照等条件有关，尚无结论。

28. 袋栽草菇有何弊端？

袋栽草菇的弊端，第一是生物学效率偏低，这是一直难以解决的问题；第二是栽培袋不宜过大，以扁宽 20 厘米以下为宜，菌袋规格稍大就易发生基料过热甚至烧菌等问题。据分析，该现象的主要原因之一就是草菇菌丝繁殖发展的特别快，故此产热量大，因此采用袋栽模式时，应予严格观察和防范。

29. 设施化栽培采用什么栽培模式？

草菇的设施化栽培，应为高架层栽培模式，并且必须配备相应的控温、控湿、控气、控光等条件。

30. 草菇为何不适应片式栽培？

草菇菌丝要求的基质比较特殊，必须具备质软、松散等条件。鉴于此，片式栽培的基质必须压紧成片并且能够立起，而偏硬质的基质，草菇菌丝是奈何不得的。因此，草菇栽培的不适应片式栽培的。

31. 草菇为何不适应菌墙式栽培？

菌墙式栽培的重要特征之一就是，菌柱码放多层并用泥土予以固定。如本节 30 所述，草菇菌丝要求的基质必须具备质软、松散等条件，而菌墙式栽培则不能满足，因此，草菇不适应菌墙式栽培。

32. 草菇栽培需要覆土吗？

草菇栽培中，但凡畦栽或小块栽直播方式的，均为覆土栽培。但是，袋栽草菇时，则不予覆土。

33. 覆土材料都有什么品种？

用作覆土的材料有很多品种，既有节约型的就地取土，又有效果最好的草炭土，还有利用资源的林地土，也有自配自用的腐殖土、营养土和沼渣土、沼液营养土等，均为根据自身条件选择，没有统一标准。

34. 草炭土资源如何？

草炭土，是栽培草菇的首选覆土材料，但是在我国境内，草炭土资源很是紧缺。据悉，目前能够形成草炭土商品的仅有东北地区，国内其他多数地区多无该种资源，或者仅有少量不能形成商品，或者没有进行开发。

35. 草炭土有何讲究？

草炭土的使用，应该是经过筛、暴晒后按比例加水拌匀、喷洒杀菌杀虫药物后进行堆闷，一般堆闷 7 天左右即可使用。注意，使用前 1～2 小时摊开散除异味。

36. 腐殖土如何配制？

自行配制腐殖土，是节省购买草炭土的办法之一。基本配合材料为牛粪粉 1000 千克、腐烂的碎秸秆 500 千克、人粪尿 600 千克、豆饼 50 千克、复合肥 50 千克、尿素 10 千克、石灰粉 60 千克、石膏粉 30 千克。

基本操作是，选近水源的地块，在约 25 平方米面积上，四周围土堰 10 厘米以上，将配合材料粉碎并拌匀后，均匀撒于地面，翻深 20 厘米，稍整平地面后，灌水与围堰持平，约 10 天后带水作业重翻 1 次，而后继续保持水面高度。如此时气温较高，约 7～10 天，水面会有臭水泡冒出。气温 30℃以上连翻 3～4 次后，水面将有大量臭水泡冒出，此后可将水放掉，使其自然晾晒，至土面有大量宽深裂纹时，将 20 厘米土层取出，置于硬化路面，边晒边打碎，喷入百病傻 500 倍液，覆膜约 7 天后即可使用。一次性可配制 5 立方米覆土材料，应用效果不亚于草炭土。

37. 腐殖土有何讲究？

配制腐殖土，有两个关键条件，一是有机物要尽量多；二是必须产出"臭水泡"即沼气，否则腐熟不好，将会携带大量病原菌以及害虫等。注意，必须喷洒药物后覆膜堆闷，以达不会携带病虫害进棚的目的。

38. 砻糠土如何配制？

稻壳 1000 千克，河泥淤土 4000 千克，人粪尿 1000 千克，复合肥 60 千克，尿素 30 千克，石灰粉 100 千克，石膏粉 50 千克。没有稻壳资源的，可用麦糠和玉米秸粉等秸秆替代，但应增加用量 40% 左右。

基本操作，第一步稻壳加入石灰粉进行发酵，每天翻堆一次，并适量补水，15 天后完成发酵；第二步河泥土晒干破碎备用；第三步将所有材料充分混合，适量加水，调含水率约 40%；第四步喷洒 500 倍百病傻和 1200 倍毒辛溶液并拌匀，然后覆膜堆闷，每 3 天翻堆 1 次，约翻 4～6 次。需要进行覆土操作时，摊开散发气味后即可使用。

39. 砻糠土有何讲究？

关键有两点，第一是稻壳先行发酵，应达腐熟状态；第二是所有材料混合后的含水率不好掌握，可采取手握测定法，用力攥可成团、丢下即可散开。该含水率不大，但可基本满足有机物在半个月左右的时间里继续发酵的需要；但是，期间的每次翻堆均需根据失水状况予以适量补水。

40. 什么叫作沼渣土？

沼渣土有两种含义，一是指产生沼气的臭水沟、下水道等地的淤泥、淤土等，由于营养丰富、质地细腻，用作覆土，效果不错；二是指用沼渣配制覆土材料，实际生产中多指该种材料。

41. 什么样的沼渣土不能用？

需要特别说明的是，产生沼气的臭水沟、下水道等地的淤泥、淤土等，一定要予以区分对待，并不是只要产生沼气的淤泥就是好的，尤其医院、洗衣厂、化工厂等单位的下水道产生的污泥类，不能用于草菇覆土。

42. 沼渣土如何配制？

这里所说的沼渣土，就是指用沼渣配制的覆土材料，可以参考本节36、38等相关内容，将沼渣视为牛粪或稻壳即可。注意，沼渣的区别较大，沼气原料不同，沼渣的质量也不同，比如畜禽粪便原料的沼气池产出的沼渣，可以替代牛粪；薯渣原料或糖渣类原料的沼气池产出的沼渣，营养组分大打折扣，配料的组方则应进行重新设计，可参考本节36和38的配料取中值为佳，而不要倾向于其中的哪一个。

43. 什么叫沼液营养土？

所谓沼液营养土有两种，第一种是空旷的土地上，排出沼液后自然渗入，然后将地表土翻出，破碎后作为覆土材料；第二种是人为配制的，实际生产中的沼液营养土，多是用沼液配制的覆土材料。

44. 沼液营养土如何配制？

粉碎秸秆 1500 千克，尿素 30 千克，石灰粉 30 千克，加入沼液后进行发酵处理，5 天翻堆 1 次，约翻 6 次，秸秆充分腐烂即成；然后取地表土 4000 千克，晒干破碎后，与发酵秸秆混匀后，加入沼液使含水率达到 40％以上，建堆发酵。

45. 配制土如何进行消杀？

覆土材料完成配制后，即应喷洒 500 倍百病傻和 1000 倍氯氰菊酯溶液各一遍，以作消杀之用。堆酵之前就可以喷洒杀菌杀虫药物了，或者完成堆酵后再喷药也行，但是如本节 36、38 等发酵阶段，就不要用药，以免药效损失，反而达不到消杀的目的。

46. 就地取土有何问题？

在实地调研中发现，一些菇民的栽培中，采取的是就地取土方式，就是铺料播种后直接在菌畦边上或作业道内取土作为覆土材料，为此后的发菌出菇等带来很大的隐患，轻则发菌不利、出菇不齐、影响产量，重则严重发生病害。为了节约一点覆土材料的处理费用，而损失了更多的应得收入，实在是划不来的。

第四节　草菇出菇管理

1. 催蕾怎么操作？

草菇的菌丝和子实体生长速度极快，可以说是速度惊人，因此，催蕾也很是简单，并且仅仅在 1 天左右的时间段里采取适当措施即可，而无需像其他品种那样费时较长，甚至很多生产中根本不用催蕾，即可很快发生菇蕾，这就是草菇的特殊性之一。当发现菌丝布满畦面后，打开塑膜稍晾，也就是强化一下通风，就会同时达到拉大温差和湿差的双重目的，增加光照强度至 800 勒克斯左右，或者延长光照时间，现蕾速度将会更快；再者，畦面上发现有大量草菇菌丝后，于夜间打开通风，一方面是增加氧气，关键是同时拉大了温差，对于刺激现蕾很有作用。

2. 温差刺激如何操作？

温差刺激操作，就是夜间将棚膜掀开，室内栽培的，夜间或阴雨天打开通风孔或门窗，即可达到温差刺激的目的；采用设施化栽培的，采取一下控温措施即可。注意，温差不要超过10℃。

3. 湿差刺激如何操作？

湿差刺激的操作很简单，通过采取拉开塑膜或打开通风等措施，即可顺利实现湿差刺激。注意，湿度不可低于70％。

4. 光差刺激如何操作？

光差刺激操作很简单，可以在畦面布满菌丝后，结合夜间通风等措施，予以夜间开灯，即延长光照时间，次日回复正常即可。

5. 催蕾期间如何进行通风？

打开塑膜底部约40厘米高度即可；或者室内栽培的打开通风孔或门窗；小拱棚栽培的最简单，将两边的塑膜掀上去20厘米即可。

6. 温度管理有何原则？

原则是保持基本稳定，温差不得过大。草菇的生长要求环境温度相对稳定较好，尤其不得有10℃及以上的温差。

7. 湿度管理有何原则？

原则是保持温和，不可饱和。短暂的饱和可以维持在1小时左右，但不可继续延长，否则就会在高温高湿条件下滋生甚至泛滥相关病害。

8. 通风管理有何原则？

原则是缓慢换气，没有大风掠过。过强的风流，将会导致死菇等现象发生，尤其室外的栽培，遇到强对流天气就会发生大风掠过的情况，甚至成为该批生产损失的主要原因之一。

9. 光照管理有何原则？

原则是保持均衡，无需特别管理。

10. 温、水、气、光如何进行综合管理？

以温度管理为基础，以通风管理为关键，以水分管理为重点，把好基础、掌握关键、做好重点。

11. 蕾期怎么管理？

蕾期的最大问题有两个，第一个是温差不要过大，自然就好；第二个就是通风问题，必须通风，但不得大风。此外，湿度当以90％左右为宜，但室外的空气湿度变数太大，不好掌控，所以，尽量保持在80％以上即可，短时的饱和也是允许的。

12. 草菇需要疏蕾操作吗？

一般不需要！但当菇蕾过分密集时，可采取"间隔削尖"的办法，即当菇蕾特别密集的时候，间隔5厘米左右用利刃将菇蕾尖端部位削掉，宽度以3厘米左右就好；或者根据菇蕾具体发生状况，采取合适的措施。

13. 幼菇期怎么管理？

幼菇期的管理，与蕾期管理一致即可，详见本节11等相关内容，不再赘述。

14. 幼菇期管理的重点是什么？

幼菇期的管理，以重要程度排序应该是温度、通风、水分、病虫害防治。

15. 成菇期怎么管理？

较之蕾期和幼菇期，管理可以适当粗放一点，但还是以精细管理为佳；具体可参考本节 11、14 等相关内容，不再赘述。

16. 成菇期管理的重点是什么？

成菇期的管理以重要程度排序应该是通风、水分、病虫害防治。

17. 如何掌握草菇的适时收获时期？

适时收获的草菇，应当具备以下特征。

① 菇体色泽：由深变浅，尤其基部与顶尖部位的色泽差别明显。

② 外形变化：顶部逐渐变尖（有的品种或菌株不明显），自然流畅，包被紧实。

③ 手感：较紧实，至少不存在中部空腔的现象。

如果出现包被破裂、中部空腔等现象，说明采收偏晚，更应赶紧采收。

18. 草菇收获有什么特殊情况？

草菇收获的特殊情况，主要有二。

第一，不要采大留小。由于覆土偏薄，加之草菇的菌丝偏弱，如果一丛子实体发生较多，尤其大菇着生于菇丛中部位置时，采大菇时怎么小心也会晃动整丛的基础，采后的小菇不在生长，而会逐渐萎缩。

第二，采收时间掌握一早一晚，尽量采嫩。意思就是说，草菇的采收，1 天内至少 2 次，安排在早晨的 5 点左右、晚间的 6 点左右或更晚一些；并且，每次采收时，应在掌握适时收获的基础上，再予采嫩，比如，所谓适时收获为七分熟，实际采收时应将五六分熟的一并采掉，以避免下次采收前的十几个小时内，这些五六分熟的子实体将会老化开伞，丧失商品价值。

19. 采菇前需做哪些准备工作？

采菇前的准备工作主要是，清洗割菇刀和周转箱，并准备相应的鲜菇包装（外销）或加工所需条件。

20. 采菇后需要做哪些工作？

采菇后的工作主要是，清理畦床杂物，填补空穴，整平菌畦，有条件的予以适量补水；室内设施化栽培的，应予降温，以免幼菇急速长大，来不及采收而老化。

21. 收获一潮菇后如何补水？

收获后，由于基料失水严重，为保障下潮菇的发生和生长，应当对菌畦进行补水。基本操作是使用补水枪插入覆土层以下，适量打入水分即可，具体用量，应根据原料地、失水状况以及补水的水压等确定，没有统一的数字解释，几乎是完全的经验值。有两点需要考虑，第一，是否需要在水中加入适量的营养尤其是速效营养物质（任何事情都是一分为二的）；第二，补水不要过多，以免造成菌丝自溶（诸多的教训说明，掌握不好的话，不如不补水）。

22. 产出大个头草菇是何原因？

在不少的生产或试验中，产出大个头草菇的比例远远超过了其他生产或试验。据分析，以下几个因素，是获得大个头草菇子实体的根本原因。第一是菌株的特性，或者是菌种的潜力；第二是高营养的基质和覆土材料，孕育了庞大的生物量，才使得生产中产出了大个头；第三是高含水率的基质为菌丝提供了充分足够的水分；第四是偏低的温度、子实体延长了发育时间。以上条件可以是独立的，也可以是两个或以上因素的共同作用。

23. 加厚覆土的原理是什么？

通过加厚覆土的措施，可以有效保证产出大个头子实体，这是无数试验所证明的。但是，实施该项措施，对于覆土材料是有要求条件的。首先，必须保证土质疏松，最差是壤土配制的营养土；其次，要求质地松软，出去草炭土以外，最好的当属配制的诸如砻糠土、腐殖土等类，要求其中的有机材料以多为佳；再次，有机质含量高，这是营养条件，唯有足够的营养物质供草菇菌丝吸收，才能保障子实体的个体肥硕。

24. "台风增产法"是怎么回事?

20世纪的90年代，沿海某地的草菇栽培在现蕾后遭遇了11级台风，部分菇棚被雨水泡塌或棚顶被风刮走，菌畦淋雨并被雨水浸泡长达20小时以上，这是一种无意识的、纯自然的灾害，由于该地的抢救十分及时，约2天时间全部恢复了正常管理，随即开始采收。令人惊奇的是，畦床上一改往日密密麻麻小菇的现象，几乎全部都是大个头子实体，最大的长度超过7厘米、直径4厘米左右，产量大增，被戏曰"台风增产法"。

据测试，浸泡菌畦的雨水pH值为7左右，中性；基料淋雨1小时、浸泡20小时以上，令已经现蕾的基料充分吸水；连续2天的气温测试为夜间达到24℃，中午时分超过31℃。正是以上多个因素的共同作用，才使得该批栽培出现了大个头，说明温度是重要的基础、水分是重点、通风是关键条件，只要协调一致、共同作用，就可以产出大个头子实体，实现高产的目的。

25. 潮间管理的重点是什么?

草菇的潮间管理，重点有三，第一，严防害虫侵入，一旦发现，即应在第一时间内进行彻底灭杀；第二，防治病害杂菌，在潮间可以适量用药，如喷洒百病傻类高效低毒低残药物；第三，清理卫生后，予以通风、避光，令菌丝休养生机，以扩大生物量。此外，有条件的可对基料进行补水。

第二章 猴头菇生产问题

第一节 猴头菇生产的基本问题

1. 猴头菇属于什么温型的品种？

中温型品种，但适应的温度范围相对较宽，如 10℃ 以下仍可生长，或者 25℃ 及以上条件时亦可生长，虽然不如 15～20℃ 区间内的长速正常、商品性高，但也可顽强生长。

2. 猴头菇有何典型特点？

猴头菇的典型特点主要有二，第一是容易发生变异，并且在变异后的多次培养中，其性状会表现得比较稳定；第二是作为食用材质的随和性强，加入鸡肉烹调后会便成鸡肉味，加入萝卜共同烹调后会变为萝卜味。

3. 猴头菇缘何成为我国的"山珍"？

猴头菇，古代为贡品之一，只有皇家贵族享用，普通百姓无缘相见，何谈食用？究其原因，首先，野生产品很是稀少，物以稀为贵；其次，古代人们即已发现，猴头菇具有相当明显的食疗作用，尤其对胃肠道疾患的疗效确切；再次，现代医学证明，猴头菇不但对胃肠道具疗效，而且利用猴头菇制出的药物如"猴耳环消炎片""猴耳环消炎胶囊""猴耳环消炎颗粒"等，对于上呼吸道感染、急性咽喉炎、急性扁桃体炎、急性胃肠炎等一般炎症的作用非常理想，"猴头菌片"用于慢性浅表性胃炎引起的胃痛，效果良好，而且没有副作用；其他还有以猴头菇菌丝制得的"猴头菇口服液"，以深层发酵猴头菇菌丝体或猴头菇子实体提取的猴头菇多糖等，具有更广泛的疗效和作用；最后，长期食用猴头菇，对于人体癌细胞具有明显的一直和杀灭作用，并且，由于猴头菇独特的端庄优雅外形，惹人喜爱，加之产出少，更是珍贵，故被誉为我国的"山珍"，确不为过。

4. 野生猴头菇多发于哪里？

野生猴头菇，多发于深山密林、人烟罕至的地方，如东北地区以及川、黔、滇等自然林内，多着生与阔叶树种的树权上，其他如松杉柏等类树种上则没有野生菇。

5. "猴头"缘何改称为猴头菇？

猴头，是我国生产者和消费者对猴头菇的简称。由于猴头菇属于出口商品，如果称为"猴头"，将会在国外经营者及消费者之间会产生误会。猴子属于保护动物，为什么还要吃猴头？因此，一律改做猴头菇，不得简称。

6. 消费者因何青睐猴头菇？

除了小比例的猎奇、尝鲜心理外，从小接受到的猴头菇的食疗作用应为人们青睐猴头菇的主要原因。在长期的食用菌研发实践中发现，任何一个食用菌新品种的问世，或多或少的总会受到消费者的质疑，如是否有毒等，而将猴头菇带入市场后，则几乎没有该类问题，这大概就是人们长期接受口口相传或者言传身教的作用吧。

7. 猴头菇栽培需要什么原料？

偏硬质的原料如棉籽壳、木屑以及硬质的秸秆类均可，还可以配合利用一些工业废渣，如中药渣、木糖渣、沼渣等。

8. 棉籽壳栽培如何配方？

棉籽壳210千克，麦麸30千克，玉米粉10千克，豆饼粉2千克，复合肥1千克，石灰粉2.5千克，石膏粉2.5千克，轻钙1千克，三维精素120克。

豆饼粉在拌料前 3 天提前浸泡，复合肥提前 1 天浸泡；三维精素，在其他原辅料拌匀后再均匀喷入基料并拌匀。

9. 棉籽壳原料有何优势？

棉籽壳的最大优势是，软硬适中、较耐分解，而且营养成分较为全面，碳氮比比较合适，并且棉籽壳基质的通透性是其他原料无法相比的。

10. 棉籽壳原料有何弊端？

棉籽壳原料最大的弊端就是资源越来越少、生产成本越来越高。

11. 玉米芯栽培如何配方？

玉米芯 120 千克，棉籽壳 100 千克，麦麸 30 千克，豆饼粉 4 千克，复合肥 2 千克，尿素 2 千克，石灰粉 5 千克，石膏粉 2.5 千克，三维精素 120 克。

玉米芯加入石灰粉先行发酵，每天翻堆 1 次，7 天后即可与其他原辅材料混合拌料；其余可参考本节 8 等内容，不再赘述。

12. 玉米芯原料有何优势？

玉米芯作为猴头菇的栽培原料，是近年才用于生产的，其优势就是价格低而且资源丰富，配合使用，可以降低直接生产成本 30% 左右。

13. 玉米芯原料有何弊端？

玉米芯原料的最大问题就是不耐分解，必须配合硬质原料使用，不得单独用于生产。此外，玉米芯不易吸水，并且后期基料容易发热，所以必须予以堆酵或发酵处理后，才能进行正常生产。

14. 棉秆粉栽培如何配方？

棉秆粉 100 千克，玉米芯 50 千克，棉籽壳 50 千克，麦麸 50

千克，豆饼粉 4 千克，复合肥 2 千克，尿素 2 千克，石灰粉 6 千克，石膏粉 2.5 千克，轻钙 2 千克，三维精素 120 克。

具体操作参考本节 8、11 等相关内容，不再赘述。

15. 棉秆粉原料有何优势？

棉秆粉原料的最大优势就是充分利用秸秆废料，将原来废弃或仅作薪柴的棉秆经过粉碎加工后即可用于栽培猴头菇，最大限度地节约了生产成本，并同时消除了产地农村到处可见的棉秆垛堆，从技术角度协助了新农村建设。

16. 棉秆粉原料有何弊端？

棉秆粉原料的弊端是不易粉碎加工，传统的铡草机、粉碎机无济于事，必须使用较大型机械；另外，必须经过预泡等程序，使之吸水，否则，将会产生白芯，日后形成污染。

17. 豆秸粉栽培如何配方

豆秸粉 150 千克，玉米芯 50 千克，木屑 50 千克，复合肥 3 千克，石灰粉 10 千克，石膏粉 5 千克，三维精素 120 克。

豆秸粉、玉米芯、木屑等原料按比例加入石灰粉分别进行发酵处理，一般情况下，木屑发酵 15 天左右，豆秸粉、玉米芯各发酵 7 天左右，然后再预拌料；其余参考本节 8 等相关内容，不再赘述。

18. 豆秸粉原料有何优势？

豆秸粉的主要优势就是含氮量高，豆秸含碳 70%、含氮 6%，碳氮比约在 12，是秸秆类原料中含氮量最高的品种，特别适合食用菌生产；其次，较之玉米秸秆等原料的质地偏硬，耐分解。

19. 豆秸粉原料有何弊端？

两大弊端，第一是资源偏少，除东北部分地区外，内地基本没有大面积的大豆集中产区，所以，资源问题是个很大的制约因素；第二是，由于含氮量较高，如果单独进行栽培，将会发生菌皮组织，既浪费氮素营养，同时又需其他营养元素配合（同化），又延迟了出菇，所以，必须与其他原料配合使用。

20. 废棉栽培如何配方？

废棉 100 千克，玉米芯 50 千克，木屑 50 千克，麦麸 50 千克，石灰粉 10 千克，石膏粉 4 千克，复合肥 2 千克，三维精素 120 克。

废棉的处理关键，第一是必须打散、吸水均匀，不得有干料；第二是充分拌料，与其他原料充分混匀，以利通气。另外，玉米芯的颗粒要求稍大一些。基本操作是废棉、玉米芯、木屑分别加入石灰粉 3 千克、4 千克、3 千克拌匀，分别发酵处理，具体可参考本节 17 等相关内容，不再赘述。

21. 废棉原料有何优势？

废棉原料具有与棉籽壳相似的营养组分以及含量、吸水率高、持水率高，同等条件下，实现高产稳产的可能性要高得多。

22. 废棉原料有何弊端？

废棉原料的最大弊端，首先就是通透性差，必须与较大颗粒的原料配合使用，否则很可能因为透气不好而发生诸如发菌难、污染高、病害多等问题；其次，不好拌料，最好使用机械拌料，以防其成缕或成团，既难以吸水，又难以拌开。

23. 蔗渣栽培如何配方？

蔗渣 100 千克，棉籽壳 50 千克，废棉渣 50 千克，米糠（或麦麸）50 千克，复合肥 3 千克，尿素 2 千克，石灰粉 8 千克，石膏粉 4 千克，三维精素 120 克。

蔗渣加入石灰粉 5 千克和复合肥、尿素拌匀堆闷，废棉渣加入石灰粉 2 千克拌匀，每天翻堆；3 天后共同拌料。

24. 蔗渣原料有何优势？

蔗渣的最大优势就是，可以有效降低生产成本，并且利用废料资源，扩大了原料来源的同时，避免了废渣造成的环境污染。

25. 蔗渣原料有何弊端？

三大弊端，第一是资源的地域性较强，与豆秸资源差不多的有限；第二是颗粒细碎，通透性差；第三是质地偏软，菌袋的收缩率高。此外，碳氮比较高，必须科学配方，并尽量选择有机态氮源。

26. 木屑栽培如何配方？

木屑 100 千克，玉米芯 100 千克，麦麸 50 千克，豆饼粉 10 千克，复合肥 5 千克，尿素 2 千克，石灰粉 12 千克，石膏粉 4 千克，三维精素 120 克。

要点有二，第一，木屑加入石灰粉 7 千克预先发酵处理 10 天左右，玉米芯加入石灰粉 5 千克预先发酵 5 天左右；第二，复合肥、豆饼粉分别提前浸泡 2 天、7 天，以防拌料不匀。

27. 木屑原料有何优势？

木屑原料具有两大优势。

① 材质较硬：耐菌丝分解，可以长期保持菌袋的坚挺。

② 资源丰富：木屑资源不但丰富，各地均有，而且价格低廉，可以大大降低生产成本。

此外，木屑基质可以保障猴头菇的菇质正常。野生菇多是生长在枯树木桩或活立木上的，唯有该类材质，菇品的内在品质才是正常的。

28. 木屑原料有何弊端？

木屑原料的弊端较多，这也是至今使用该原料的生产较少的主要原因之一。

① 营养差：木屑原料的碳氮比高达 490:1，营养元素品种少而且含量极低，并且含有的纤维素、半纤维素也很低，必须进行科学的配方设计，才能进行栽培。

② 发菌缓慢：较之棉籽壳等原料的发菌时间长约 1～2 倍，必须提前安排好生产计划，否则，根本无法完成出菇的生产计划。

③ 生产周期长：该项因素大大增加了栽培的生产成本，尤其在人工成本越来越高的时代，更是有点得不偿失，这也是造成生产效益偏低的关键因素。

④ 产菇量少：生物学效率低，是木屑原料的最大弊端。

29. 猴头菇小料袋如何接种？

猴头菇小料袋的接种，如 250 克左右干料的小料袋，可以采取折底袋一头接种法；如 350 克以上的小料袋，则多为两头接种法，这是基本的传统操作方法。

30. 猴头菇大料袋如何接种？

猴头菇大料袋的接种，多为打孔接种法，具体有单面接种和双面接种两种形式，如单面 3 点接种法、5 点接种法，双面各 2 点或各 3 点接种法等。根据研发经验，单面接种可以节省 30% 的接种人工，而双面接种则可提前 7 天左右完成发菌，生产者应根据条件选择，不可机械。

31. 猴头菇长料袋如何接种？

猴头菇长料袋，是根据仿段木栽培模式而定的，如同香菇栽培的斜立棒、辍棒栽培等。该种长棒的接种，一般应采用单面打孔接种法，因为料袋直径 10 厘米左右，所以，不值得双面接种，都是采用单面接种。根据料袋长度，可以按 5～8 个接种穴打孔接种。

32. 猴头菇菌袋后熟培养的操作？

完成基本发菌后，将菌棒装入周转箱后移入 1～4℃ 的低温库，使其自动继续发菌即可；一般后熟培养 15 天左右，即可达到后熟的目的。

第二节 猴头菇菌种及市场问题

1. 猴头菇菌株分几种类型？

猴头菇菌株主要有三大类型，第一类为猴头菌，亦即时下的人工栽培品种（菌株），菇体圆形或卵圆形或倒垂尖圆形，毛刺或长或短；第二类为假猴头菌，外观与猴头菌无异，但没有明确的猴头菌的圆形核心，其内是数个粗大的分枝，分枝尖端生出较长的毛刺，如垂柳般包围着分枝；第三类为珊瑚状猴头菌，子实体没有圆形的核心，只是不断分枝后形成的外观近圆形。这里有一个问题需要说明，当环境条件不适尤其二氧化碳浓度较高时，猴头菌可能出现与假猴头菌或珊瑚状猴头菌类似的症状，详见后面的相关内容。

2. 猴头菇的主产区在哪里？

就目前国内生产状况而言，猴头菇的主产区应为江苏浙江等地，山东等北方地区虽有生产，仅为零星栽培，以鲜销为主，少有干品上市。

3. H-08 菌株有何特性？

中温偏低型菌株，适应温度偏低，菌丝可在 6～32℃ 温度下正常生长，最适生长温度为 25℃ 左右；12～26℃ 均可出菇，但以 15～20℃ 时表现最佳；适应木屑或棉籽壳基质栽培，一般 40 天左右发满菌。子实体球体，圆头状，下有柄部似人体脖颈，但较短，球体为绵状肉体；外观原白色或纯白色，与光照强度关系密切，老熟时微黄；毛刺长短适中，1～3 厘米不等，毛刺长度与生长环境的二氧化碳浓度含量密切有关；一般生物学效率在 80%～100% 之间，其产量水平与基料营养的配比有直接关系。

4. H-920 菌株有何特性？

该菌株适应温度范围偏窄，出菇温度为 15～22℃，菇体色泽洁白，个体较大，菌球中等，球状紧实，适宜鲜销及烘干加工，亦可切片装罐，为北方地区主栽种之一。

5. 猴头 T3 菌株有何特性？

北京某单位育成的诱变种，球体特大，菌肉坚实，刺短，产量高。

6. V-12 菌株有何特性？

该菌株为冬季室内栽培条件下生长的商品子实体，经分离后的品比试验证明，确有耐低温的优势，毛刺较短粗，10℃以下不会形成"披发"，生长期较长，自现蕾至微黄色采收约需 1 个月；期间，大多数菌株均呈水红、微红等红色表现，同一出菇室内，仅有少数几个菌株一直没有出现红菇，该菌株是其中之一。

7. 猴头 6 号菌株有何特性？

该菌株与 V-12 菌株有着较多的相似或相同之处，如耐低温能力较强，即使处于 5℃水平时仍未现红色，出菇较快，球大而结实等，合适温度条件下菌刺偏长，有着极好的商品性状，菌柄短，生物学效率较高。

8. 猴头 Ha 菌株有何特性？

福建某单位选育，具有菌丝生长快、出菇快的特性，而且菌刺细而短，生长抗逆性强，产量较高。

9. 长刺猴头菇菌株有何特性？

该菌株在 20℃以上条件时，较之其他菌株，菌刺稍长，尤其当氧气量不足的情况下，菌刺更是显得格外长；其余性状与普通猴头基本相似。

10. 短刺猴头菇菌株有何特性？

与本节 9 的长刺猴头菇菌株相比较，该菌株的菌刺相对较短，尤其进入 10℃及以下条件时，显得更短，似乎是与该菌株的耐低温能力差有关。只是分析，尚未进入品比试验。

11. 长形猴头菇菌株有何特性？

该菌株的最大特点，就是同等条件下，其菌球的纵向长度稍大一些，甚至个别子实体显得有些椭圆性状，仅此一点，商品性就差一些；是否与菌种发生变异有关，尚待探讨。

12. 猴头王菌株有何特性？

该菌株的显著特点就是个体偏大，幼菇色泽特白，八分熟后逐渐变黄，菌刺偏短，菌球较大，商品性高，折干率高，产量高。

13. 小猴头猴头菇是怎么回事？

所谓小猴头，就是发生菇蕾较多，由于营养、水分以及生存空间的原因不能长大，故此做干品的商品性不高，适合鲜销或装罐加工。

14. 白猴头猴头菇是怎么回事？

可能是光照偏低，或者是菌种变异，有时候就会出现特白的猴头菇子实体，显得商品性较高。

15. 黄猴头猴头菇是怎么回事？

生产中出现黄猴头并不奇怪。排出变异菌株等原因，子实体老化是唯一因素，建议该种子实体以制干为主，尽量不予鲜销，以免苦味甚重，引起消费者的争执。

16. 多枝型猴头菇是怎么回事？

多枝型猴头菇，除本节 1 所述原因外，主要原因就是二氧化碳浓度过高，导致没有菌球发生，只是不断重叠分枝，枝上继续分枝，最后现出菌刺般的分枝末端，外观与正常猴头菇相似，但重量不及正常菇的 1/2，而且难以烹饪，即便烹调熟化，也如同炒的龙须菜，乱七八糟，令人没有食欲。

17. 猴头菇鲜品市场如何？

猴头菇鲜品的市场，历来不温不火，不识者不懂如何烹调，识货者甚至连价格都不问就直接买走。说明市场上比较少见，无法"货比三家"和讨价还价。曾调研一些超市以及农贸市场、蔬菜市场，有鲜菇销售的竟然不足 20％，其稀罕程度可见一斑。

18. 猴头菇可以真空包装吗？

可以。包装后可以延长保鲜期，并且其商品性可以提高一个档次。

19. 猴头菇可以保鲜吗？

可以。有不少的保鲜方法可资利用，如真空保鲜、低温保鲜、盐水保鲜以及柠檬酸保鲜等，生产经营者可根据条件选择。

20. 猴头菇低温保鲜如何操作？

散装猴头菇可以采取包裹保鲜纸后，置于 1～4℃ 条件下，利用低温控制子实体的呼吸代谢，从而达到保鲜的目的。注意，低温保鲜过程，菇体仍可进行呼吸，因此，随着时间的延长，菇体会因此而流失大量水分，仅需四五天时间，菇体就会开始变色、皱缩，商品性下降。

21. 猴头菇盐水保鲜如何操作？

盐水保鲜猴头菇的效果比较理想，尤其适应小批量产品待销、家庭厨房的保鲜等。基本操作是配兑 6％ 的食盐溶液，将猴头菇装入网袋，放入缸、箱内，设法固定在中部以下位置；然后，将盐水灌入，没过 10 厘米即可。

22. 猴头菇柠檬酸溶液保鲜如何操作？

具体参考本节 20 等相关内容，不再赘述。

23. 猴头菇保鲜品市场如何？

猴头菇保鲜品市场，与鲜品市场相似，基本平分秋色。

24. 猴头菇干品市场如何？

猴头菇干品市场，是猴头菇产品的主流渠道，或者大包装散装，或者精致的小包装，尤其在国庆中秋以及春节前的市场上，已经成为食用菌类主导产品之一，深受消费者喜爱。

25. 猴头菇速冻处理如何？

猴头菇可以做速冻处理，但是深层冰冻以后，将会折掉很多菌刺，令人不快。基本操作是将猴头菇使用 6％食盐溶液清洗后，漂洗干净，然后置于－30℃的低温设施内冻结 20 分钟，然后予以包装、储存。

26. 猴头菇如何盐渍？

猴头菇的盐渍处理工艺流程是清洗→杀青→冷却→盐渍→倒缸→盐渍封缸→分装→商品。

基本操作投入 6％食盐溶液清洗后，随即投入开水中杀青；煮透后，流水冷却，投入到饱和盐水盐渍 3 天左右；倒缸 1 次，投入到新的饱和盐水中，干盐封缸，1 周后即可分装大桶。具体可参考本书"草菇"的相关内容。

27. 猴头菇盐渍品市场如何？

猴头菇盐渍品，早在 20 世纪 80 年代就有少量生产，此后由于制干等加工的冲击，盐渍品越来越少，因此，市场逐渐萎缩，至今已经看不到该种产品了。究其原因，就是消费水平的提高速度，大大高于猴头菇生产的发展速度，所以也就顾不得进行该类加工了。

28. 猴头菇瓶装罐头市场如何？

猴头菇瓶装罐头，近年市场上难得见到，原因是装量太少，不够一次食用量，而且过量使用焦亚硫酸钠和柠檬酸等会使得本来的健康食品成了有毒食品，所以，刚刚打开的市场迅速关门大吉，至今未见恢复的迹象。其实，市场上有了鲜品，干品又长年不断，人们也就不会再额外采购这类加工品了，并且，越是加工品，增值越高，越不实惠，尤其不适应普通消费者。

29. 猴头菇干片小包装市场如何？

曾在某些市场上出现过猴头菇干片，小包装产品，价格偏高，但如昙花一现，很快就没有了。经咨询得知，产品销量很低，后来企业就不供货了。究其原因，该种原料级的干品，价格较高，不符合一般消费预期，所以，市场必然不好。

30. 猴头菇淡盐水小包装市场如何？

猴头菇淡盐水小包装，如干物质 100 克、200 克的均有，并装成礼盒，主要因为价格问题，市场反应平平。此外，消费者对产品的含盐量不好掌握，虽然生产者予以标注，但在回家进行厨房加工时，往往在用盐量上很是纠结，因而更是加剧了市场前景的黯淡。

31. 猴头菇加工品市场状况如何？

猴头菇加工品，时下主要有药品，可参考本章第一节 3 所述内容，不再赘述；食品主要有猴头菇饼干、猴头菇点心之类；保健品有诸如猴头菇口服液之类的产品。市场整体不温不火，除个别带有炒作性质的宣传外，多数产品均处低调运作之中，如太阳神之类的产品多为直销形式。总之，猴头菇加工产品的市场处于发展期，尤其加工产品的形式、功能性以及宣传等，尚待开发。

32. 猴头菇饼干是怎么回事？

猴头菇饼干，据说是以猴头菇为原料制作的一种具有食疗作用的食品，曾经大街小巷莫不是"猴头菇饼干"的宣传品。其食之与常规饼干无异，但因资料上有"猴头菇"字样，价格高得惊人。后来，全国各地涌现出了多种"猴头菇饼干"，价格也一落千丈，再加上爆出的些许内幕之类，令消费者的热情大大消减。

33. 猴头菇饼干是子实体加工的吗？

据了解，所谓猴头菇饼干，多是在加工饼干时，加入了一些深层发酵的猴头菇菌丝，虽然菌丝与子实体的成分相同，但毕竟不是真的猴头菇，这一点，还是应该向消费者交代一下的。

34. 菌丝体加工食品也算深加工食品？

菌丝体加工的食品，改变了所属菌类品种的外形，不具备所属菌类品种的特质，并且完全融入了新的食品品种中。因此，严格意义上来说，菌丝体加工的食品应该归类于深加工食品。

35. 菌丝体培养液体加工食品也算深加工食品？

食用菌深层发酵后，常规是将菌丝体过滤后用于食品加工，而其培养液则作为废料，或加入到新的培养液中，或直接倒掉。其实，该培养液中，含有大量被培养菌类的营养成分及其代谢产物，完全可以用于加工新的食品。利用该类培养液加工的新的食品，也应归类与深加工食品。

36. 子实体杀青水加工食品也算深加工食品？

子实体杀青水中，含有很多被杀青品种的水溶性成分，白白扔掉实在可惜，将之进行沉淀、过滤等处理后，用于加工食品是个废物利用的好办法，比如，用于面食类食品的和面，用于果蔬食品加工的用水等，只要注意含盐量等指标符合要求就好。该类加工食品与食用菌的关系不是很密切，如果硬要跟菌类扯上关系，自然有其道理，但在食品管理相关规定上来看，应属打擦边球。

第三节　猴头菇的栽培模式

1. 立体栽培模式是何概念？

立体栽培，就是将菌袋横排、码高、两头出菇的模式。

2. 立体栽培模式如何操作？

与平菇立体栽培相似，将菌丝成熟的菌袋，解开或剪掉菌袋两头扎口，将菌袋码高若干层，使之两头出菇即可。具体可参考本"问答系列之二"的平菇栽培相关内容，此处不再赘述。

3. 立体栽培模式有何优势？

立体栽培模式的主要优势是，节省栽培架等一次性投资，就地排袋出菇，操作者不受空间的限制，相应降低了劳动强度。

4. 立体栽培模式有何弊端？

立体栽培模式的弊端主要有二，一是占地面积大，不适宜集约化生产；二是菌袋易失水，影响产菇量。

5. 层架栽培模式是何概念？

层架栽培模式，就是利用栽培架进行管理出菇，两头出菇，或周身出菇。

6. 层架栽培模式如何操作？

两头出菇模式的操作是使用宽度为 20～25 厘米的栽培架，层高根据菌袋规格进行设置，一般排 4 层菌袋即可。

周身出菇模式的操作可使用宽度为 20～25 厘米的栽培架，中间不设横撑，令菌袋两头跨在栽培架上，菌袋上下左右均可出菇；也可使用宽度 40 厘米的栽培架，中间设置一个横撑，采用两排菌袋的排列方式，与上述相同。

7. 层架栽培模式有何优势？

层架栽培模式的主要优势是，可以最大限度地利用设施空间，有效利用相关控制条件，可以实现多次栽培或周年生产。

8. 层架栽培模式有何弊端？

层架栽培模式的弊端主要是一次性投资较高，操作不便，菇品单位成本内摊入的折旧、电力等费用较高。

9. 底层出菇模式是何概念？

底层出菇模式，就是一种出菇口向下出菇的栽培模式，如同野生菇自然下垂的感觉，煞是好看。

10. 底层出菇模式如何操作？

底层出菇模式的基本操作是菌袋一面切口、朝下，在栽培架上进行单层排袋，使出菇口之向下出菇，这是一种仿自然出菇的措施。

11. 底层出菇模式有何优势？

底层出菇模式的最大优势是，仿自然出菇条件，同等条件下出菇圆整，菌肉紧实，个头肥硕，口感更佳。

12. 底层出菇模式有何弊端？

底层出菇模式的弊端是，只能单层排袋，必须单独制作栽培架，以免过多浪费空间。此外，产量偏低。

13. 单层土栽模式是何概念？

单层土栽模式，就是菌袋固定在菌畦内朝上出菇的栽培模式。

14. 单层土栽模式如何操作？

将长菌棒从中切断，切开面朝下密集排于菌畦；然后用覆土材料填充其间（覆土材料的配制即处理可参考本书中草菇的相关章节，不再赘述），露出菌袋4～5厘米为宜；连续数次对菌畦喷水，意在使土沉实，固定菌袋；经过3天左右的温差刺激，即可现蕾；此后迅速剪掉塑膜，使之朝上出菇。

15. 单层土栽模式有何优势？

单层土栽模式的最大优势是，利用覆土固定菌袋，并给基料供应水分；子实体肥大，栽培产量较高。

16. 单层土栽模式有何弊端？

单层土栽模式的主要弊端，一是占地面积大，不适合集约化生产要求；二的产品的含水率偏高，适合鲜销或制罐等，不适合制干。

17. 瓶栽模式是何概念？

瓶栽模式，就是利用菌瓶出菇的生产模式。

18. 瓶栽模式如何操作？

瓶栽模式的基本操作是采用 750 毫升出菇用菌瓶，装料时留出瓶口 2 厘米空间，常规封口、灭菌以及接种培养等操作；1~5℃条件下，菌丝后熟培养 15 天以上；菌瓶可以斜向插入栽培架，可以立式单层排放，也可横排码高，达到充分利用空间的目的就好；通过搔菌、喷水、拉大温差、增加湿度、增强光照等一系列操作后，现蕾后根据菌株的生物特性予以常规管理即可。

19. 瓶栽模式有何优势？

瓶栽模式的主要优势有三，第一，适应设施化机械化操作，尤其菌瓶的规格统一，从装料开始直至废料挖瓶，均可以机械操作替代人工；第二，产品规格基本统一，不会有超大特小等不合格的菇品出现；第三，可以最大限度地利用栽培空间，整齐划一，排列有序，利于集约化生产。

20. 瓶栽模式有何弊端？

瓶栽模式的弊端，首先是一次性投资较高，非一般菇民所能；其次是产品的摊入费用较高，使得菇品的售价必然水涨船高，是否适应大众消费，尚待探讨。

21. 墙栽模式是何概念？

墙栽模式，就是将菌袋采用泥土码墙的栽培模式，如平菇的菌墙栽模式等。

22. 墙栽模式如何操作？

墙栽模式的基本操作是将菌袋的塑膜从一头切掉长度约 40%～60%，露出白色菌柱；间隔 2～3 厘米排袋，层距 3 厘米左右，根据温度码高 6 层或更高，温度越低，码高层数可逐渐增加；出菇的一头，待现蕾后剪掉多余的塑膜即可进行常规出菇管理；如果采用双菌墙模式，则可将菌柱一头间距 5 厘米排放，以泥土填充空间，层层码高；看似一个菌墙两面出菇，实则还是一头出菇。

23. 墙栽模式有何优势？

墙栽模式的最大优势，首先是基料的水分得到了最大满足，源源不断地供给子实体生长需要，提高产菇量；其次是做好菌墙之后，该批栽培的水分管理就是一劳永逸了，不会再有菌袋失水、水分管理跟不上等后顾之忧。

24. 墙栽模式有何弊端？

墙栽模式的弊端，关键就是菌墙内易发热，一旦发热，就会严重到烧菌的程度，再也无法挽救；其次，菇品易被泥沙类污染；最后，产品含水率较高，货架寿命偏低，并且不太适合做制干。

25. 块栽模式是何概念？

块栽模式，就是压块后出菇的栽培模式，这是为了满足架层全面出菇而仿照香菇压块栽培采取的一种方法，效果尚可。

26. 块栽模式如何操作？

块栽模式的基本操作如下。

① 将完成发菌的菌袋打开，掰碎或用木棍打碎后，喷洒适量清水，使成菌料，待用。

② 采用模具和塑膜将菌料包紧，重新发出菌丝，连接为一体，成为菌块；完全成为新的整体后，去掉包膜，投入到泥浆中。泥浆

配制为耕作土材料 1000 千克、草木灰 30～50 千克、复合肥 3 千克、石灰粉 5 千克、碳酸钙 4 千克、三维精素 120 克。加水调至酱状，即为泥浆。

③ 菌块沾满泥浆后，排入栽培架，静置休养 7 天左右。

④ 欲催蕾时，根据生产或销售计划的要求，在菌块上间隔 6～10 厘米距离刮去 4 平方米左右的泥浆，露出基料，静待现蕾。

此后的管理常规即可。

27. 块栽模式有何优势？

块栽模式的最大优势是，栽培架上遍地开花，上下都有子实体出现，虽然个体不大，但以多制胜，总产较为理想。

28. 块栽模式有何弊端？

块栽模式的最大弊端是，菇体的商品性不高，可用于制罐等加工，勉强可以鲜销，但不能制干，否则，商品性太差。

29. 设施化栽培采用什么栽培模式？

设施化栽培，多采用架层、瓶栽或袋栽模式，主要有菌瓶直立出菇、菌瓶斜插出菇、菌瓶横卧多层出菇等，也可袋栽，但整齐度不如瓶栽。

30. 设施化栽培可否采用袋栽？

设施化栽培，可以采用袋栽方式。但是，由于装袋操作的难以整齐划一，所以，尽管其余的操作比较规范，但其出菇的整齐度还是不如菌瓶栽培。为了节省菌瓶以及相关设备等投资，还是可以做袋栽的。

第四节　猴头菇出菇管理

1. 催蕾怎么操作？

催蕾操作，关键在于拉大温差，并增加光照。基本操作应该根据实际条件，将完成发菌的菌袋，最好经过菌丝后熟培养以后，通过采取各种现有措施拉大温差在 10℃ 以上，增加光照在 2～4 小时，期间，必须增加空气湿度至 90％ 左右，或可暂时性的饱和，一般 5 天左右，即可现蕾。

2. 温差刺激如何操作？

温差刺激的操作，应根据自身条件具体安排。比如，菇棚可以在夜间将棚南靠地面的塑膜拉开，将北墙的通风口全部打开，使之空气对流，早间予以关闭和封闭，即可实现菇棚的温差达 10℃ 左右；如是室内栽培，则应打开双向排气扇，强制对流，虽然温差不如菇棚的大，但也可达到刺激现蕾的目的；有条件安装控温风机的，直接打开风机即可，可以控制温差在 15℃ 左右，效果更好；设施化栽培的自然更好调控，只要根据温度的指标要求打开设备即可，不再赘述。

3. 湿差刺激如何操作？

湿差刺激的操作，只能通过喷水的多寡和通风量予以调控，但是，该种条件的控制，对于猴头菇而言，意义似乎不大。因此，建议在催蕾期间只保持相应的湿度，而无需刻意祈求加大湿差，亦可实现顺利现蕾。

4. 光差刺激如何操作？

菇棚栽培的，可以在棚顶架设遮阳网，然后卷起草苫等覆盖物；室内栽培的，可以延长一早一晚的开灯时间，增加光照 4 小时左右；尤其设施化栽培的，LED 灯光可以满足光照要求，而且，节电效果很是明显。

5. 催蕾期间如何进行通风？

野生猴头菇的生长环境一是野外，二是位置偏高，三是氧气含量高。根据这些特点，催蕾期间的通风，应坚持"慢风、长通"的原则，拒绝大风、拒绝闷气。

6. 温度管理有何原则？

温度管理的原则中温季节宁低勿高，低温季节宁高勿低。

7. 湿度管理有何原则？

湿度管理的原则中温季节宁高勿低，低温季节宁低勿高。

8. 通风管理有何原则？

通风管理的原则中温季节宁强勿弱，低温季节宁弱勿强。

9. 光照管理有何原则？

光照管理的原则宁强勿弱。

10. 温、水、气、光如何进行综合管理？

以温度为基础、以通气为关键、以水分为重点、以光照为辅助，合理排列各项因素，熟练掌握调控措施即可得到理想的管理结果。

11. 蕾期怎么管理？

蕾期的猴头菇，对各项条件是很敏感的，应该本节 10 等相关内容进行比较细致的管理，而不要贪图省事、省力。

12. 猴头菇需要疏蕾操作吗？

一般不需要。但是，如因特殊情况现蕾较多，比如达到两个以上时，如非属于加工需要，则可进行适当的疏蕾操作。用尖刃将多余的菇蕾从其中下部剔掉即可，但要注意，不要伤及无辜。

13. 幼菇期怎么管理？

幼菇期的管理，可较本节 11 稍粗放，但还是以精细管理为佳。如果工作量太大，可以稍稍放宽条件要求。

14. 幼菇期管理的重点是什么？

幼菇期管理的重点是通风和水分。

15. 成菇期怎么管理？

成菇期管理，较之本节 13 还要粗放一些，但也不要过于粗放，以免影响产出菇品的商品价值。

16. 成菇期管理的重点是什么？

成菇期管理的重点是水分，几项指标的排序是水分、通风，一般情况下，温度的基础位置无需过多关心。

17. 如何掌握猴头菇的适时收获时期？

猴头菇的色泽，已经不再洁白，正在往微黄色方向转化；菌刺的尖端位置，手感较硬，以没有那种鲜亮和柔软；菌球，手捏感觉已不再硬实，正往逐渐软化的方向转化。有此三个指标，即可确定此时为收获期，应立即采收，不要企图拖延，因为当天晚上或者第二天，就会弹射孢子，苦味较重。但是，如果有销售合同时，则应按合同的标准执行，而不要试图改变。

18. 猴头菇收获有什么特殊情况？

所谓特殊情况，一是销售合同规定的采收指标，二是市场的特殊要求。此外，尚应根据菇品的去向，如制罐，就要采小；如制干，则可充分长大等，而不必机械地按照本节 17 之要求。

19. 采菇前需做哪些准备工作？

第一，分级整理场所的场所、恒温库的清理、包装物的准备等，都是基础工作。第二，采收所用采菇刀等工具、周转箱等，均应进行表面消毒；如是进入超市销售，还要佩戴乳胶手套等。

20. 采菇后需要做哪些工作？

采收后，随即将基料表面进行清理，除去菌皮等杂物，尽量覆盖或将扎口处内缩，也可在架层上覆盖大幅塑膜，停止喷水，密闭光线，大通风 2 天，使棚湿降至 70% 左右时，关闭菇棚，使菌袋进入一个较合适的"养菌"阶段。约 1 周后，再度进行催蕾，即可进入下潮菇的管理。

21. 收获一潮菇后菌袋如何补水？

收获一潮菇后，有条件的可对菌袋进行补水。目前有多种补水方法，各有利弊，应根据自身条件灵活掌握，不必拘泥于某种方法。

22. 菌袋浸泡补水如何操作？

菌袋浸泡补水的基本操作是在水池内排入菌袋，至池高的 2/3 位置即可，上面铺塑膜等防水材料，将形成的凹陷里灌满水后，再往塑膜下的菌袋空间里灌水，并随时补充缺失的水，保持水位；约 6～10 小时，菌袋即可恢复出菇前的重量；放掉或抽出水后，将菌袋重新排入出菇场所，即可避光、通风、进入潮间休养生机。

23. 菌袋浸泡补水有何利弊？

菌袋浸泡补水的最大优势就是，基料的吸水是由外及里，补水效果理想；其弊端就是，费时费工量大、劳动强度高，尤其没有现成的水池、需要就地挖水池时，需要占地。需要解决水源的问题等，似乎比较麻烦。

24. 菌袋注水器如何进行补水操作？

注水器进行补水的基本操作就是，利用补水器，补水针插入菌袋中间，打开水源，利用水泵的压力将水打入菌袋内部，一个人可以使用 5 根补水针，操作效率很高。目前，在平菇、香菇、姬菇的栽培中多采用该法。

25. 注水器补水法有何利弊？

注水器补水的最大优势就是工作效率高，一个 200 平方米的菇棚，半天时间即可完成对全部菌袋的补水操作。但是，注水器补水的最大弊端就是难以达到补水的效果，注入的水难以被基料吸收，大多流失，并且气温较高时，一方面可以引发二次污染，使得出菇无法继续，另一方面由于菌袋中间含水率较高，容易引发菌丝自溶，希望引起大家的注意。

26. 补水器如何进行补水操作？

补水器是一种最现代的补水设备，其原理是利用负压原理，将水均匀高速的渗透到菌袋中，然后在潮间的养菌过程中，被基料吸收。基本操作是将采收后的菌袋装入补水器中，打开压缩机和水源的电源，通过负压原理将水注满补水器，随即可以排出多余的水，将菌袋移入出菇架，进入养菌期即可。

27. 补水器补水法有何利弊？

补水器补水的最大优势是补水均匀、快速，并且高度一致，不存在哪个菌袋补水多少的问题。但是，设备的一次性投资较大，而且需要配备电源、水源等必需的辅助条件，不适合一般散户使用。

28. 潮间管理的重点是什么？

潮间管理的主要工作有清理出菇场所的卫生、菌袋补水、菌丝休养、防治病虫害等，其中菌丝休养、防治病虫害是两大重点，是非做不可的，其余的均为锦上添花之举，有则更好，若来不及，也可不做。

29. 干品菇有苦味是何原因？

据分析，干品菇有苦味原因多是子实体老化。

多数生产者为了获得更高的产量，而将子实体的成熟度特意增加，甚至一直到散发孢子后才舍得采收，这是因为猴头菇组织的膨大、细胞间距拉大，使得海绵体组织松散，利于储存大量水分。这种采收标准的结果是，第一，由于第一潮菇从基料中大量吸收营养和水分，导致下潮菇现蕾困难，产量大幅度降低，尽管第一潮菇的产量有所增加，但总产并未提高，甚至降低；第二，成熟老化的子实体苦味很重，即使经过烘烤制干、浸泡还原，仍不失其特有的苦味。因此，一则影响了猴头菇的声誉，二来增加了消费者的负担。只有反复浸泡、挤水，才能祛除苦味。

如果除去泡水等非正常产量因素，实际上，子实体越是老化，其鲜菇总产量越低，原因就是越老化，吸收基料营养越多。

30. 罐头猴头菇色泽特白是何原因？

我们在市场上见到的猴头菇罐头，菇体多是洁白色，与正常的原白色或微黄色截然不同，而有的消费者偏偏就喜欢该种特白的产品，殊不知，这种白色，就是在制罐加工过程中产生的（多是添加了某些保鲜护色药物，有的甚至过量添加了漂白药物）。菇体增白很多，产品中不可避免地会有大量残留，尤其二氧化硫类残留，对人体的危害相当严重。

31. 如何防止秃头菇？

猴头菇子实体周身无菌刺、呈现"秃头菇"现象，是温度过低、或幼菇时喷水使菇体长时间带水所致。防治措施是根据猴头菇的特性实施温度管理，勿使过低；注意喷水时不使子实体上形成水滴，一般喷水后应强化通风，使菇体上的小水滴在 $1\sim2$ 小时内蒸发掉；低温时尽量增温，并且要少喷水。

32. 如何防止小猴头？

一个出菇面上，如果只有一个子实体，可以长大为直径 3 厘米以上的菇体，如果发生两个菇蕾，菇体的个头就会缩小一半左右。可见，为了产出大个头，需要疏蕾，如果在制罐等加工，可任其自然。

33. 如何防止长毛猴头？

"只长猴毛，不长猴头"的猴毛菇，是栽培场所二氧化碳浓度过高所致，加强通风或强制通风，降低二氧化碳浓度，问题便可解决，下一潮菇即可恢复正常。

34. 如何防止"红色猴头菇"?

"红色猴头菇"，表现为不规则状的子实体，色泽呈粉红至暗红，几乎没有菌刺，是温度过低、湿度偏高、子实体长期带水等原因造成的，尤其在 10℃ 以下环境时，幼菇周身带水时间超过 2 小时以上，即可发生变色。低温条件下，适当提高菇棚温度、降低空气湿度，宁可降低湿度影响产菇量，也要产出高品质的菇品。

35. 如何防止幼蕾死亡?

幼蕾死亡的主要原因及其处理措施如下。

① 死亡原因：菌种未经脱毒处理，或者引进脱毒菌种后，转接过程又感染病毒病菌。处理措施：采用脱毒菌种，规范接种操作。

② 死亡原因：覆土材料未经杀菌处理。处理措施：半覆土立式栽培模式的，应事先药物处理覆土材料，未能处理的，可在覆土后以及出菇期间，对其浇灌 500～800 倍百病傻溶液，以弥补准备工作的不足。

③ 死亡原因：病害预防工作不到位。处理措施：预防为主，防治并重。清理卫生，保持洁净，尽量降低湿度，保持适当通风，每 3～7 天喷洒一遍杀菌药物进行预防，可使用 500 倍百病傻溶液与 300 倍赛百 09 溶液交替喷施。一旦发现有病害发生，则应立即清理病菇及其菌袋，移出棚外另行处理，以防病害形成蔓延，加剧危害。

④ 处理措施：清理病菇，药物杀灭。病害发生后，无论真菌性病害还是细菌性病害，均应清除病菇及其原基，并喷洒 300～500 倍百病傻溶液，随后加强通风措施，待新料面重新长出菌丝，并有微黄色液滴出现时，重复前述出菇管理即可。

第三章　柳松菇生产问题

第一节　柳松菇生产的基本问题

1. 柳松菇属于什么温型的品种?

柳松菇的野生菇发生,多为夏秋季节,因此,该品种应为中温偏高型品种;但在控温栽培时,15℃以下条件仍可顽强出菇,并且产量不低于20℃以上的条件,说明该品种正在驯化栽培的过程中逐渐适应北方地区的环境,越来越耐低温条件。

2. 柳松菇有何典型特点?

只有具备三大特点,才能认定是柳松菇品种。
第一,菇体金黄色,有时略显橙色,但不明显。
第二,遍体发生鳞片,外观形象欠佳。
第三,菌盖上生有黏液状物,类似金针菇或滑菇那种。

3. 柳松菇缘何成为食用菌新宠?

柳松菇菌盖上的黏性物质,其实是一种核酸物质,对人体具有很好的食疗作用。核酸为生命的最基本物质之一,储存遗传信息和传递遗传信息;核酸是一类天然的复杂磷化合物,直接控制着细胞的蛋白质合成,具有强大的生理功能。具体表现在,可以消除疲劳、延缓衰老、增强抗体、提高记忆力等,此外,还有抑抗感冒病毒、抵抗消化道炎症等多重作用。同时柳松菇菜品口感脆嫩,菜色美观,营养全面。因此,柳松菇成为食用菌新宠,也是情理之中的自然趋势,近年尤受南方消费者青睐。

4. 野生柳松菇多见于哪个区域？

柳松菇，喜于高温、潮湿的季节发生，如夏秋季节在胶东地区的深山中、沿黄两岸的柳树丛中，每年的 8～10 月附近居民争相采集，除鲜食外，多余的便可晒干保存，留之招待尊贵客人；在济南地区，分别在公园的柳树上和路树上采到过柳松菇，也在黄河历城段的树丛中发现和采到过柳松菇，并进行了分离、出菇以及驯化栽培等一系列操作，效果比较理想。事实证明，该品种的适温性相对较宽，而且对营养的需求也不像资料介绍的那么挑剔。

5. 柳松菇、黄伞、柳蘑是一回事吗？

柳松菇是一种商品名称，黄伞是一种学名，柳蘑是野生地居民的称谓，说的都是一个品种，但要特别说明的是，不少地方的不少人将杨树菇、茶薪菇等类品种均以"柳松菇"或"柳树菇"称之，排除真的对真菌分类不甚清楚以外，这就是一种人云亦云的误解，或者是以讹传讹。最简单的区别办法是柳松菇为金黄色、多鳞片；杨树菇具菌环、菌盖色浅；茶薪菇的菌柄菌盖色泽均深。如果牵涉出口等贸易，还是以拉丁名为准，万不可以土名、地方名称签约。

6. 南方消费者因何青睐柳松菇？

南方的消费者具有超前意识和行为、认识和接纳新事物快，尤其消费意识、保健意识，是北方消费者至少在一段时期内难以企及的，这是不得不承认的事实。这也就是为何南方消费者更青睐柳松菇的原因之一。其实，真正的原因，应该来自于柳松菇自身的营养价值，而不是媒体或生产经营企业的宣传或口号，具体可参考本节3 等相关内容，不再赘述。

7. 柳松菇栽培需要什么原料？

对于柳松菇的相关研究自 20 世纪 90 年代开始，直至时下仍在继续。对于柳松菇栽培所需原料的试验，也经历了几个研究阶段。

第一阶段，使用柳木木屑和柳木木屑为主的栽培，获得成功；第二阶段，使用普通硬杂木木屑、继之使用棉籽壳原料进行栽培，获得成功；第三阶段至今，使用木屑配合玉米芯等类以突出秸秆为主料的栽培，亦获成功。说明该品种经过分离驯化后的适应性和适温性不断增强，为柳松菇的商品化生产奠定了技术基础和原料基础。

8. 棉籽壳栽培如何配方？

棉籽壳 230 千克，麦麸 20 千克，豆饼粉 5 千克，石灰粉 6 千克，石膏粉 3 千克，三维精素 120 克。

棉籽壳加石灰粉拌料后堆闷 1～2 天，期间翻堆并适量补水；直接装袋时将石灰粉降为 3 千克，前提是使用机械拌料，以使拌匀充分，原料充分吸水后，再将三维精素溶水喷入再拌匀。

9. 棉籽壳原料有何优势？

棉籽壳原料的最大优势主要有三，第一，颗粒均匀、适中，通透性好，发菌速度快，属于食用菌栽培的首选原料；第二，营养丰富，尤其碳氮比约在 25，是所有原料中最适宜的品种；第三，熟料栽培，一般不会引起发热等问题。

10. 棉籽壳原料有何弊端？

棉籽壳原料的主要弊端就是资源越来越紧张；价格越来越高；脱壳越来越干净，棉绒越来越短；生产成本居高不下而且越来越高，导致生产效益越来越低，已经严重制约了食用菌产业的顺利发展。

11. 玉米芯栽培如何配方？

玉米芯 130，木屑 80 千克，麦麸 30 千克，玉米粉 10 千克，豆饼粉 10 千克，复合肥 2 千克，石灰粉 12 千克，石膏粉 3 千克，三维精素 120 克。

木屑加入 5 千克石灰粉堆酵 10 天，期间玉米芯加入石灰粉发酵 5 天，发酵期间每天翻堆 1 次，并根据失水状况予以补水；完成发酵后，再行常规拌料。

12. 玉米芯原料有何优势？

玉米芯原料的最大优势就是资源丰富，价格低廉，含水率高，生产成本低，颗粒大小可调，尤其其较高的持水率，为高产出菇奠定了理想的水分基础，这是其他原料难以比拟的优势。

13. 玉米芯原料有何弊端？

玉米芯原料的弊端就是质地偏软，因其含水率高而使得菌袋后期变软和萎缩，初次拌料不易吸水，必须进行堆闷才能达到理想的含水。此外，由于含水率高而导致子实体含水亦高，所以，菇品的货架寿命短。

14. 豆秸粉栽培如何配方？

豆秸粉 120，木屑 60 千克，玉米芯 50 千克，麦麸 10 千克，玉米粉 10 千克，复合肥 2 千克，尿素 1 千克，石灰粉 12 千克，石膏粉 3 千克，三维精素 120 克。

木屑、玉米芯、豆秸粉各加入石灰粉 4 千克，分别堆酵 3 天、7 天、5 天；然后再常规拌料并发酵 3 天左右。

15. 豆秸粉原料有何优势？

豆秸粉原料具有三大优势，第一，营养丰富，尤其含氮率高，只要在配方中的比例合适，几乎不需要再使用无机元素予以调整基料的碳氮比；第二，原料的市场价值低，使得生产成本大幅度降低；第三，相对而言，豆秸粉的持水率较高，因此，除其营养元素的作用外，该优势也是促使栽培产量高的重要原因。

16. 豆秸粉原料有何弊端？

豆秸粉原料的弊端主要是偏软质，菌袋后期易发生萎缩等现象；不可直接使用该种单质原料，以免含氮量高而使得基料碳氮比失调，从而导致出菇晚、出菇少，并在同化过程中同步浪费其他营养元素。

17. 废棉栽培如何配方？

废棉 150 千克，玉米芯 70 千克，麦麸 30 千克，复合肥 2 千克，石灰粉 6 千克，石膏粉 3 千克，三维精素 120 克。

废棉、玉米芯个加入石灰粉 3 千克，预先单独拌料并行堆酵，分别堆酵 3 天、5 天，然后再进行常规拌料。

18. 废棉原料有何优势？

废棉原料的主要优势就是营养成分全面并且较高，吸水率高、持水率高，同等条件下，产菇量相对稳定。

19. 废棉原料有何弊端？

废棉原料有两大弊端，第一就是通透性很差，必须与较大颗粒的原料如玉米芯或大壳的棉籽壳等配合使用，否则，很可能因为透气不好而发生诸如发菌难、污染高、病害多发等问题；第二，废棉的特点就是成绺或成团，不好拌料，除非使用机械拌料，否则很难拌开；没有拌开的废棉团块内没有吸水，利用蒸汽灭菌时就无法达到灭菌目的，前期易发杂菌污染，后期则可能多发病害。

20. 木屑栽培如何配方？

木屑 200 千克，麦麸 30 千克，玉米粉 20 千克，豆饼粉 15 千克，尿素 1 千克，石灰粉 12 千克，石膏粉 3 千克，三维精素 120 克。

木屑加入石灰粉堆酵 10 天以上，期间每天翻堆，视失水状况予以适量补水，然后再行常规拌料、装袋。

21. 木屑原料有何优势？

木屑原料的最大优势有二，第一是质地偏硬、耐分解、不软袋，尤其适应越夏或越冬等周期较长的生产；第二是价格低，资源丰富。

22. 木屑原料有何弊端？

木屑原料的关键问题有三点，第一是营养条件太差，不好调配、难以按理论值进行基料的营养调配,如碳氮比等;第二,据了解,各地的木屑资源多为多树种混合,很难按要求进行选择,尤其掺混松杉柏等树种后,将会因其比例不同而对生产产生难以逆转的影响;第三,因为木屑的颗粒问题,尤其当颗粒度低于1毫米时,将会发生基料通透性差、发菌困难等诸多问题,严重时将会对生产产生无法挽回的负面影响。

23. 秸秆混合原料如何配方?

秸秆混合料 170 千克,玉米芯 20 千克,木屑 20 千克,麦麸 40 千克,豆饼粉 5 千克,复合肥 3 千克,尿素 2 千克,石灰粉 9 千克,石膏粉 3 千克,三维精素 120 克。

秸秆混合料,指的是玉米秸秆、小麦秸秆、棉花秸秆等主要作物的秸秆,粉碎后按等份比例混合而得,其特点是质地偏软、偏细碎。玉米芯不在混合料内,原因就是混合料细碎,将玉米芯粉碎成颗粒偏大的原料,目的就是协调基料的通透性。原料的处理可参考本节 11、14 等相关内容,不再赘述。

24. 秸秆混合原料有何优势?

秸秆混合原料的关键优势就是,能够充分利用现有的各种秸秆类资源,而不会出现因"挑食"等类问题而耽误生产。自 20 世纪90 年代,即将麦草、玉米秸、花生秧、甘薯秧蔓等当地现有的所有秸秆先行单质粉碎,而后混合进行栽培平菇。鸡腿菇、草菇等类试验,效果很好,此后进一步加入棉秆粉等硬质材料后用于柳松菇栽培,同样获得了理想的试验效果。实践证明,虽然秸秆类原料的营养相对缺乏,但形成一定的组合后,可以达到单质秸秆原料无法达到的效果,各中奥妙,尚待进行专题研究。

25. 秸秆混合原料有何弊端?

秸秆混合原料的弊端就是偏细碎,影响通透性。该问题有两个解决办法,第一是加入适量的大颗粒原料如玉米芯等;第二是事先根据秸秆品种和栽培品种,设定粉碎孔径,即可避免影响通透性的问题。

26. 柳松菇小料袋如何接种？

小料袋的接种，如 200～500 克干料的小料袋，可以采取折底袋一头接种法；使用筒料塑袋的，也可采取两头接种法，这都是基本的传统操作方法。

27. 柳松菇大料袋如何接种？

大料袋的接种，如 500 克干料以上的菌袋，多为打孔接种法，具体有单面接种和双面接种两种形式，如单面 3 点接种法、5 点接种法，双面各 2 点或各 3 点接种法等。根据研发经验，单面接种可以节省 30％ 的接种人工，而双面接种则可提前 7 天左右完成发菌，生产者应根据条件选择，不可机械。

28. 柳松菇菌袋后熟培养如何操作？

完成基本发菌后，将菌棒装入周转箱后移入 1～10℃ 的低温库，使其自动继续发菌即可；一般后熟培养 15 天左右，即可达到后熟的目的。

第二节　柳松菇菌种及市场问题

1. 柳松菇有什么温型的菌株？

柳松菇是中高温型品种。分离后经过多年的驯化，野生柳松菇业已适应了驯化栽培地域的温候条件，并因为四季的变化而使得适温性更广。如鲁柳系列，出菇温度现已双向延伸至 12℃ 或以下、30℃ 左右的水平，较之野生菇发生条件的 15～26℃ 延伸出很多，尤其作为一个中高温型温性的品种，向下延伸比较困难，该类菌株的表现，即说明其具有的适应性、抗逆性，业已具备了大面积商品化栽培的条件。

2. 现有的柳松菇菌株来源何处？

就目前而言，现有的柳松菇菌株，多为野生菇分离后驯化而得，少有外地引进种。

3. 鲁柳一号菌株有何特性？

山东地区野生菇分离驯化选育菌株，中高温型，菌丝生长温度范围为 5～32℃，最适为 23～26℃；子实体发生温度范围为 15～26℃，以 18～20℃ 为最适宜。菌丝前沿白色，生长整齐、浓密，随后即产生波浪状菌丝，覆盖表层，色泽灰黄至暗黄褐，一级种一般需 20 天左右完成发菌，基内菌丝丰富；子实体中等大小，菌盖金黄至黄色，边缘整齐，鳞片多，表面黏性物质丰富；菌柄浅黄褐至黄褐色，柄直，偏粗，鳞片较多，从基部开始随菌龄而逐渐木质化，待弹射孢子时，约有 50% 以上的菌柄已失去食用价值。该菌株鲜菇加工的菜品，脆嫩、浓香，汤汁黏质性，似金针菇并略浓，菌香味更浓且厚重，并有特殊的鲜香感。棉籽壳木屑栽培一般生物学效率 100% 左右。

4. 鲁柳二号菌株有何特性？

山东地区野生菇分离驯化选育菌株，中高温型，菌丝色泽灰黄、浓密，子实体中等大小，菌盖金黄至黄色、偏褐，柄直，较鲁柳一号偏粗，其他基本性状同鲁柳一号。

5. 黄伞一号菌株有何特性？

山东沿黄地区采集的野生菇分离驯化菌株，菌盖表面黏滑，鳞片较多，丛生为主，产量较高，一般生物学效率 100% 左右。

6. 黄伞三号菌株有何特性？

山东沿黄地区采集的野生菇分离种，菌盖表面黏液较多，覆有鳞片，菌柄直溜、偏粗，亦生有密集的鳞片，基本特性与黄伞一号相仿。

7. 柳蘑菌株有何特性？

该菌株是 20 世纪 90 年代引进的，菌盖黏液较多，并生有较密集的鳞片，初为黄色，翻卷后很快即变为黄褐色；子实体丛生，菌盖口感黏滑，菌柄木质化程度较高，尤其干品，在食用前一定要先行确定菇品的菌龄或其可食程度，否则，烹调装盘后，木质化的菌柄会令人大倒胃口的。

8. 白柳菇菌株有何特性？

南方某菌所选育种，较之正常菌株偏白，鳞片较少，相对的菌柄也偏细一些；但该菌株的生物学效率较低，不耐粗放管理，故少有栽培。

9. 黄柳菇菌株有何特性？

南方某菌所选育种，子实体金黄色，菌盖表面黏滑，覆有褐色鳞片，质地脆嫩。

10. 柳松菇鲜品市场如何？

柳松菇鲜品，在南方市场上受到欢迎，而在北方地区如山东等地，则不太受青睐。21世纪初，山东某地的栽培，在本地以8元/千克的价格应市，曾被上海等地客商看好，以该价格订购，要求每月定量发货，虽未成交，但足以说明该品种被南方消费者认可。

11. 柳松菇可以保鲜吗？

柳松菇的保鲜，根据采嫩的原则，采收五六分熟的子实体，采后应立即移入2～4℃的条件下进行整理和分级，该过程实际上同时完成了菇品预冷，然后装入泡沫箱，冷透后即可出库运输。

12. 柳松菇可以真空包装吗？

柳松菇，如是常规栽培的菇品，计划进入超市销售的，可以进行真空包装，因为超市的蔬菜蘑菇展示架是有冷气的，或者可以置于1～4℃的透明展示柜内，所以，真空包装后可以延长货架寿命；

但是，如在农村集市销售，建议不做真空包装。这里有个问题提请注意，真空包装的鲜菇，20℃及以上的常温下，仅需大半天时间，再打开包装后即有一种怪怪的霉味或腐败味，因此，不具有低温环境或保存条件时，建议不要做真空包装；在气温低于10℃的前提下，做真空包装后可以明显延长储存期，并方便运输，同时节约储存空间。

13. 柳松菇自来水保鲜如何操作？

柳松菇可以利用自来水进行保鲜，至少可以延长保鲜2天左右。基本操作是将柳松菇整理干净，尤其应该切去菌柄基部的木质化部分，然后捆扎成把，每把可做一个菜的数量就好了；排入整理箱内，压一重物，以避免浮起，随即注入自来水，没过10厘米即可；期间注意，当水温达到25℃后，应予置换1次。保鲜的原理就是偏低温度、隔绝空气，适应于家庭、食堂、餐馆以及酒店等采用。

14. 柳松菇淡盐水保鲜如何操作？

兑配10％的淡盐水，按照本节13的方法对柳松菇鲜品进行保鲜处理，效果更好。但要注意，鲜菇中或多或少的会吸收部分盐分，因此，进行烹调时，应根据情况酌减用盐量，以免菜品过咸。

15. 柳松菇稀酸水保鲜如何操作？

兑配0.1％左右的盐酸溶液，按照本节13的方法对柳松菇鲜品进行保鲜处理，保鲜效果不错。但是，烹调前一定要予以充分清洗，并浸泡于6％的食盐溶液中1小时，以尽可能地析出盐酸，然后再行烹调加工。

16. 柳松菇柠檬酸溶液保鲜如何操作？

柠檬酸溶液保鲜，效果与本节15相同，不再赘述。但是，由于柠檬酸溶液的pH值偏低，因此，应参照上述进行"脱酸处理"

后再行烹调，否则，将会影响食用口味。

17. 柳松菇保鲜品市场如何？

截至目前，柳松菇市场除鲜品外，少有保鲜品应市。保鲜品基本是家庭或酒店等自行操作，其余的也是定点供应，而非应市摆摊公开销售的。

18. 柳松菇干品市场如何？

截至目前，市场上难得见到鲜品，即使干品也是很少。

就柳松菇自身的食用以及营养等条件而言，其干品的市场价值将不亚于茶薪菇及其类似品种，至于为何会出现当下的境况，据分析，与其产地的开发力度、宣传力度以及技术普及程度等有关。

19. 柳松菇盐渍品市场如何？

柳松菇盐渍品，市场状况与其他盐渍品相同，尤其小包装的盐水菇，最不受欢迎。个中原因，应该是物质的丰富、技术的更新等因素导致市场产品丰富，市场上鲜品、保鲜品或者干品都有，人们用不着再去选择食用麻烦的盐渍品。

20. 柳松菇速冻处理如何？

柳松菇可以进行速冻处理，基本操作是将柳松菇去掉菌柄基部的木质化部分，使用 6‰ 食盐溶液清洗后，漂洗干净，然后置于 $-30\,℃$ 的低温设施内冻结 20 分钟。具体详见第二章第二节 25 等内容，不再赘述。

第三节　柳松菇的栽培模式

1. 立体栽培模式是何概念？

这是使用简料塑袋的生产，与平菇、金针菇等立体栽培出菇模式相同，将菌袋单排码高至 5～6 层，低温季节可码高 10 层甚至更多，两头出菇。

2. 立体栽培模式如何操作？

打开两头袋口并展开，形成套袋模样，使子实体尽量在袋内尽量伸直向外生长，延长菌柄，获得更高产量。

3. 立体栽培模式有何优势？

立体栽培模式的最大优势是，在常规栽培条件下，不增加任何投资，并可尽量利用栽培空间，并有操作方便、劳动强度低等诸多优势。

4. 立体栽培模式有何弊端？

立体栽培模式的弊端主要是占地面积大、菇棚设施利用率低、菌袋易失水、菇体弯曲、总产量难得理想等。

5. 层架单头出菇模式是何概念？

层架单头出菇模式，是指使用折底袋，完成发菌后将菌袋底部相对、一头开口出菇的栽培模式。

6. 层架单头出菇模式如何操作？

该种模式有两种栽培架，一种是普通平架，宽约 30 厘米，将菌袋底部向内至菇架宽度的一半位置，将接种端打开出菇，从菇架两边看全是出菇头，其实只是菌袋的一头出菇；另一种是内斜架，即架层向内 30°倾斜，菌袋排列与平架相同，只是出菇口向上，目的是令子实体减少弯曲，增加商品性。

7. 层架单头出菇模式有何优势？

层架单头出菇模式的最大优势是，充分利用栽培空间，尤其设施化栽培方式的，可以最大限度地利用控制条件，并可实现集约化生产，减少设施设备运行以及折旧摊入的成本。

8. 层架单头出菇模式有何弊端？

层架单头出菇模式的主要弊端是，一次性投资高，适合进行设施化生产的企业或合作社，进行常规顺季栽培的散户不要盲目模仿。

9. 层架直立出菇模式是何概念？

层架直立出菇模式，是指将菌袋立排于栽培架上、开口向上出菇的生产模式，多为设施化生产或机械化生产。

该模式为取得优质产品的最佳方式。

10. 层架直立出菇模式如何操作？

将菌袋打开袋口，密集立排于栽培架上，其余的温度、湿度等均按菌株特性进行设置和管理即可。

11. 层架直立出菇模式有何优势？

层架直立出菇模式的最大优势是，子实体向上生长，直溜、挺拔，商品性高，符合消费者对柳松菇的商品预期。

12. 层架直立出菇模式有何弊端？

层架直立出菇的弊端主要是占用面积大、摊入的折旧成本高于层架单头出菇、菌袋易失水、总产量难以提高等。

13. 单层土栽模式是何概念？

单层土栽模式，就是将菌袋底部塑膜切开，使基料直接与土壤或覆土接触，菌袋直立向上出菇的生产模式。

14. 单层土栽模式如何操作？

将两头扎口的菌袋，从中间切开使成两个独立的菌袋，解开袋口，将切开面立于畦内，稍用土固定，然后浇水。使用折底塑袋时可将底部5厘米左右环割剥去塑膜，同样立于畦内，覆土至菌袋高度的 1/2，灌水使土沉实并固定菌袋，其余操作均为常规即可。

15. 单层土栽模式有何优势？

单层土栽模式的最大优势是，基料直接接触土壤材料，并可从中吸收部分水分和水溶性营养物质，这是栽培产量比较理想的主要模式之一。

16. 单层土栽模式有何弊端？

单层土栽模式的关键问题是仅为单层栽培，占地面积大，单位摊入成本过高。另外，菇品的含水率高，货架寿命短，不适宜超市等高端销售。

17. 瓶栽模式是何概念？

瓶栽模式，就是利用工厂化生产采用的大口出菇瓶，采取机械化操作、控制栽培出菇的现代化栽培模式。

18. 瓶栽模式如何操作？

瓶栽模式的基本操作，就是在准备好的菇架上密集排入菌瓶栽培筐，或打开瓶盖后，调控菇房的各项条件，即可出菇。由于瓶栽模式较高的机械化或自动化程度，因此，无需过多的人为操作即可完成生产。

19. 瓶栽模式有何优势？

瓶栽模式的最大优势主要有二，第一，出菇整齐、品相好、商品价值高；第二，便于管理和操作。注意，该种模式仅适应于工厂化生产、设施化生产或机械化生产，而不太适合散户的季节性栽培。

20. 瓶栽模式有何弊端？

瓶栽模式的主要弊端有二，一是前期投入高，不适合小规模生产者；二是菇品的生产成本高，不适宜农村批发市场或集市交易。

第四节　柳松菇出菇管理

1. 催蕾怎么操作?

催蕾的操作关键掌握三点,第一,温差刺激;第二,光差刺激;第三,湿差刺激。虽然柳松菇无需条件刺激亦可现蕾,但是,经过条件较大幅度的改变,如拉大光差刺激等,现蕾速度可以得到加速,适合现代条件下的商品化生产要求。

2. 温差刺激如何操作?

温差刺激的操作,菇棚设施的可采取白天揭开前端草苫增温、夜间卷起草苫并打开通风口降温等措施,因地制宜采取措施即可达到目的;设施化生产的,利用控温设备拉大温差在10℃左右即可。

3. 湿差刺激如何操作?

湿差刺激的操作,主要通过喷水和通风来控制,实际操作时,应按照白天喷水、夜间通风的办法实施调控。

4. 光差刺激如何操作?

光差刺激通过揭盖草苫即可达到目的,室内栽培的可延长灯光照明时间。

5. 催蕾期间如何进行通风?

催蕾期间的通风,应配合控温、控湿等进行,尤其需要强调的是,必须加群夜间的通风,如遇闷热天气时,应进行强制通风。

6. 温度管理有何原则?

温度管理的基本原则是自然温差就好,无需特别管理。

7. 湿度管理有何原则？

湿度管理的原则是保持稳定。

8. 通风管理有何原则？

通风管理的原则是尽量保持稳定，勿使大风吹过。

9. 光照管理有何原则？

光照管理的原则是尽量延长光照时间。

10. 幼菇期怎么管理？

蕾期后，继续保持 90%～95% 的空气湿度，并调控温度在 23℃以下，保持良好的通风，适宜条件下，经约 2～3 天，可见子实体雏形、菌柄伸长、菌盖初生成型，未能分化的原基软化、萎缩，色泽变浅，并失去光泽。尤其在同一出菇面上原基数量偏多时，由于生长竞争等原因，不能有效地吸收利用营养及水分，部分相继萎缩死亡，这是生产中的自然现象，也是生物竞争的必然结果。幼菇期的各项条件不要有大的起伏。

11. 幼菇期管理的重点是什么？

简单地说就是尽量保持各项条件的基本稳定。

12. 成菇期怎么管理？

幼菇期后的成菇阶段，可调控温度在 20℃左右，空气湿度 90% 左右，适量的通风以及约 500～1000 勒克斯的光照强度，使幼菇的生长发育在适宜条件下，得以正常健康地进行。

随着菇体的长大，需水量及需氧量相应增加，并且成菇阶段对自然的抗逆性亦有所提高，因此，除对地面、墙体的大量用水外，适量往空中喷雾也是可以的，但不允许有水滴落在菌盖上，以免菌盖上产生褐色斑点；光照的调控应根据产品的去向来确定，因为子实体色泽将随着光照强度的增加而变深，一般控制在 500～1000 勒克斯之间，菌盖色泽即为正常。

13. 成菇期管理的重点是什么？

尽量降低温度、增加空气湿度，是成菇管理的两大重点。

14. 如何掌握柳松菇的适时收获时期？

自原基现出后约 10 天左右时间，温度偏低时可达 15 天以上，菌盖呈半球或小半球体状、菌褶仍呈黄色时，也就是六七分熟的样子，即应及时采收。

采收应坚持宁早勿晚的原则，不可使其成熟，掌握七八分熟为宜，春季大规模生产时，可掌握六分熟的采收标准，秋栽时由于气温趋低可视栽培数量而定，最迟不超过八分熟。

鉴别成熟期的方法：第一点是菌盖黄褐色，鳞片深黄或褐色；第二点是菌柄自下往上老化成木质化状态，该木质化程度可以基本确定子实体的老熟程度，一般六分熟以前不会形成木质化。

15. 采菇后需要做哪些工作？

采收后的菌袋，即应及时清理袋口料表的死蕾及死菇等，有条件的可对菌袋进行浸泡补水处理，然后清理棚内卫生，提高温度至 25℃ 左右，降低棚湿到 70% 左右，密闭菇棚，春季出菇时应注意防虫。约 10 天后，再度采取提高光照、加大温差和湿差等措施，即进入再次催蕾阶段，具体管理操作可参照本节前述相关内容。

16. 收获一潮菇后菌袋如何补水？

除畦式覆土栽培外，立体栽培和架栽等模式的出菇，菌袋失水严重，收获后应对菌袋进行补水，现行的补水办法主要有以下几种。

① 浸泡补水法：在水池内排入菌袋至池高的 2/3 位置，上面铺塑膜等防水材料，将形成的凹陷里灌满水后，再往塑膜下的菌袋空间里灌水，并随时补充被菌袋吸收的水，保持水位；约 6～10 小时，菌袋即可恢复出菇前的重量；放掉或抽出水后，将菌袋重新排

入出菇场所，即可进入潮间休养生机阶段。补水效果最佳，但是，操作麻烦、劳动强度高。

②注水补水法：将补水针插入菌袋中间，打开水源，利用水泵的压力将水强制打入菌袋内部，一个人可以使用5根补水针，操作效率很高，目前，在平菇、香菇、姬菇的栽培中多采用该法。省工省力，是目前比较流行的补水方法，但是，补水效果较差，甚至会发生菌丝自溶等问题。

③喷淋补水法：清理卫生后，对菌袋连续进行数日多次的喷淋大水，使基料由表及里吸收水分。保持原状的补水方法，节省劳动力，尤其采用定时补水设备的，更是没有活劳动的支出。补水效果较差，甚至很难达到补水的目的。

17. 柳松菇迟迟不出菇如何处理？

一般20℃条件下，经约5～7天的催蕾，可现出大批原基，即使在覆土条件下，覆土后约15天即可现蕾；如超过该时段10天后仍未出菇，即为迟迟不出菇，其主要原因及其处理措施如下。

①温度过高或过低：根据出菇时段及条件进行适度调整，保持温度在15～23℃之间为宜。

②菌袋发菌不好，菌丝生理成熟度不足：降低温度在10℃以下，令菌袋继续营养生长，并达菌丝后熟培养之目的，15天以后，再行催蕾等操作。

③通风不良，二氧化碳浓度过高：加强通风措施，尤其夜间的通风更要始终保持，不要中断，降低二氧化碳浓度在0.05%左右，不超过0.1%。

18. 柳松菇发生畸形菌柄如何处理？

畸形菌柄有若干种表现形式，如菌柄弯曲、菌柄扁粗、色泽深重、水渍状、鳞片过多等，主要原因及处理措施如下。

①菇棚通风不良：柳松菇野生状态下，周边全是植物类，单是植物自身吸碳排氧的功能，即可使柳松菇处于一种空气极为清新的环境，所以，人工保护栽培条件下，一旦稍嫌空气中二氧化碳浓

度高，便会因条件不适而自然发生畸形。防治措施是加强通风，原则是保持常通不止，保持空气新鲜。

② 基料含水严重不足，子实体发生不匀，导致粗柄菇、扁柄菇等。防治措施是二潮菇应浸泡菌袋，使基料含水率恢复至60%以上。

③ 基料含水率过高，导致基内通透性不好，使得仅有的子实体含水过大，呈水渍状。防治措施是加强通风，必要时打开并破坏出菇面，使之快速降水。

④ 套口过长，小环境恶劣，使菌柄形成底部黑褐色，如同黄色金针菇。防治措施是保障通风的前提下，将套袋或自然袋口靠近出菇面的最底部扎空排气即可。

⑤ 基料中含有不明化学物质，这是生产中最常见的问题之一，主要原因是生产者盲目听信宣传，配料时添加了一些来历不明、成分不明、效果不明的化学类物质，有的还将某些明令禁止的激素类用于生产，从而导致若干问题的发生。防治措施是采掉问题菇，破坏料面，随之将菌袋于5%左右的石灰水溶液中浸洗，祛除部分残留，如果添加量不大，下潮菇可能会有好转。

19. 柳松菇发生畸形菌盖如何处理？

畸形菌盖包括不规则菌盖、菌盖卷曲、菌盖上翘、菌盖过小等多重症状，主要原因及处理措施如下。

① 原基与幼菇阶段菇棚的二氧化碳浓度高，导致子实体中毒。这是人为的因素，加强通风即可缓解或好转；如是成菇阶段，则应采掉子实体，加强管理后，下潮菇即不会再度发生。

② 原料或覆土材料中有某些农药残留。如原料中混入可抑制柳松菇菌丝生理成熟的不明物质，又如使用的喷雾器原曾喷施杀菌剂或除草剂，没有彻底清刷，即用于覆土材料的药物喷洒，尽管含量极微，也会使处于弱势的柳松菇菌丝及其子实体大受其害。此外，如覆土材料取自上季喷施除草剂的地块，则该类受害现象更为明显。单独配制覆土材料，是最好的解决办法。

③ 喷水中有农药残留。出菇管理中的用水，如菇棚外的水沟、

池塘或者小河沟等，该类水表面看起来可能不错，但这仅是肉眼观察结果。据调研分析，在农业生产中，农民朋友在给作物如棉花、蔬菜、果树等喷药后，习惯于就近刷洗喷雾器及洗手洗脚，不可避免地使水中存留有大量的药物成分，尤其在池塘等死水中，该类药物残留很难分解掉。该类农药残留中，对柳松菇危害最大的当属苯类杀菌药物以及敌敌畏等杀虫药物，可导致菌盖发生畸形等问题。处理措施，一是自备水井，并经相关检验符合应用水标准；二是直接使用饮用水；三是也可使用水库、大河流的水，但应提前备下，并使之经过静置日晒，有条件的尚应采用漂白粉进行处理，一则可祛除部分有害物质，二则可增加水的溶氧度，三则可有效提高水温，不致与棚温的差别过大；四是采掉畸形菇并破坏料面，对料面喷洒5％石灰上清液，连续两遍，药物残留及可降解。

20. 柳松菇发生侵染性病害如何处理？

侵染性病害品种繁多，往往令人措手不及，本着"预防为主，防治并重"的原则，我们提出如下防治措施。

① 预防为主。实践证明，将预防工作做到前头，"防患于未然"，是对付病害的最佳措施。预防措施是菇棚整理干净后，对菇棚外地毯式喷施百病傻和赛百09溶液各1次；菇棚内同步各喷洒1次后，密闭菇棚；通风口及进出口封装防虫网，进出口撒布2米×2米的石灰隔离带，以防爬虫类进入。

② 将病害消灭于萌芽之中，不失为防治病害的一步高招。病害初期若发现零星死菇、菇体变色严重、菇体变软、变褐、发黏发干、变白等初期症状时，即应迅速清理病菇。切记，清理病菇时，手及工具切勿触碰其他健菇，清理后及时用100～200倍赛百09溶液浸洗工具，病区喷施300～500倍百病傻溶液；清理出棚的病菇，即应喷药后挖坑深埋，或焚烧处理；最好将带病基料拌入石灰粉和尿素或复合肥等，进行堆酵处理，而后作为上好的有机肥用于经济作物的生产。

③ 控制蔓延，集中处理。发现病害后，尽最大可能控制蔓延，这是不得已而为之的上策。将发病菌袋集中起来，全部清理至远离

菇棚的地方，根据病情状况，兑配 300～500 倍百病傻溶液边喷边拌匀，然后按干料重量加入 1％复合肥、2％石灰粉建起大堆，用泥巴将整个料堆封严，任其产热发酵，棉籽壳基质的约 30 天、木屑基质的约需 60 天或更长时间后即可作为优质有机肥。

④ 彻底杀灭。当预防措施不到位、或初期发病不注意或掉以轻心、病害发生严重，而导致病害严重到无法控制的程度时，则不能心存侥幸，应当下决心将之进行彻底杀灭。具体措施可参考上述处理染病菌袋，然后将菇棚进行清理，喷洒 200 倍百病傻和 100 倍赛百 09 溶液各一遍，密闭后卷起草苫，高温闷棚，效果很好。

第四章　滑菇生产问题

第一节　滑菇生产的基本问题

滑菇，又称滑子菇、滑子蘑、珍珠菇等，原产于日本，属于珍稀品种，因其菌盖表面附有一层黏液、食用时滑润可口而得名。自20世纪70年代中期，我国开始进行滑菇人工栽培，始于辽宁省南部地区，至今，以辽南和辽西、冀北以及内蒙古的赤峰等地区为主产区，此外，吉林、黑龙江等地亦有商品生产基地，山东等地亦有少量栽培，但尚未形成商品化生产。

1. 滑菇属于什么温型的品种？

滑菇，属于低温型品种，其子实体在 5～20℃ 之间均可生长，以 12～15℃ 为最适条件，并对高温条件极其敏感，高于 20℃，菌盖表面黏液变少变干，色泽变暗，子实体菌盖薄，菌柄细，开伞早，菇质变软，甚至死亡；低于 5℃，生长缓慢，或基本不生长，如低于 0℃，将可能造成滑菇冻害。

2. 滑菇有何典型特点？

滑菇是低温结实品种，具备菌丝长速慢，必须转色，菌丝耐老化，鲜菇耐储运，适宜盐渍加工等特点，近年来已成为餐馆、酒店的必备食用菌品种之一，典型的特点有二，第一，色泽金黄，诱人食欲；第二，菌盖黏滑，口感滑嫩。

3. 江南地区缘何不种滑菇？

滑菇在北方地区的出菇季节，如东北三省一般在 10 月上旬至翌年 5 月结束，该阶段的温度最高 20℃、最低 -34℃，室外栽培除温度低于5℃的时段外，其余时间均可正常出菇。在长江以南地区，能够满足12～15℃条件的天气很少，如在苏北、安徽、湖南、湖北、江西及闽北等地，满足该条件的时间为12月下旬至翌年2月底，最多延迟至3月上旬，也就是仅有2个月的时间，根本无法满足一个生产周期；所以，江南地区一般不栽培滑菇，如有，也只是试验性栽培而已。

4. 滑菇、珍珠菇、滑子蘑是一回事吗？

滑菇（*Pholiota nameko*），学名光帽鳞伞，又称滑子菇、滑子蘑、珍珠菇等，分类学上隶属于担子菌亚门、伞菌目、丝膜菌科、鳞伞属；有时候在个别地方还会有别的商品名称，叫法不同可能品种相同，有时候叫法相同可能品种不同，尤其牵涉商业性合作、出口等合同，应以学名及拉丁文为准，而不能以商品名称进行定义产品名称。

5. 火锅食客因何青睐滑菇？

近年来，滑菇在火锅食材中已经成为必选品种，其滑嫩的口感更是赢得了大批食客，甚至在部分地区，有时候其风头超越香菇、金针菇等品种。但值得一提的是，火锅店的滑菇多为盐渍品，或有部分复原菇（干品泡发），难得见到鲜菇，即使是滑菇鲜品，也是保鲜品，不能确定其是否经过柠檬酸、山梨酸等处理。

6. 山东以南市场为何难见滑菇鲜品？

一是受限于温度条件，保鲜效果毕竟不同于鲜品；二是山东以南地区为非产地，必须外运，相对价格较高。具体详见本节2、3、5等内容，不再赘述。

7. 滑菇栽培需要什么原料？

滑菇栽培，多以木屑为主要原料，近年来河北、内蒙古等地的部分菇农采用棉籽壳、玉米芯等进行栽培，亦获成功，但仅为试验性生产，批量生产时仍以木屑为主。

8. 木屑栽培如何配方？

木屑 200 千克，麦麸 40 千克，玉米粉 10 千克，豆饼粉 5 千克，复合肥 2 千克，石灰粉 3 千克，石膏粉 1 千克，三维精素 120 克。

9. 木屑原料有何优势？

木屑原料的主要优势，除了长于深山、没有污染和残留外，主要就是质地偏硬，适宜滑菇菌丝长期生长分解，而不会很快腐朽、断裂，而且，尤其压块栽培时，菌块能够长期保持原状而不破碎，便于管理操作。

10. 木屑原料有何弊端？

木屑原料的主要弊端是，碳氮比偏高，营养物质少，尤其缺乏速效营养物质，灭菌时间长、发菌速度慢等。

11. 棉籽壳栽培如何配方？

棉籽壳 200 千克，麦麸 20 千克，石灰粉 1 千克，石膏粉 1 千克，三维精素 120 克。

12. 棉籽壳原料有何优势？

棉籽壳的主要优势是颗粒均匀，营养全面丰富，碳氮比适宜滑菇菌丝生长，原料处理简单，使用方便，灭菌时间短，发菌速度快以及出菇快等。

13. 棉籽壳原料有何弊端？

通过棉籽壳原料栽培滑菇的试验来看，相对于木屑类原料，棉籽壳原料存在不耐菌丝分解、后期菌块易破碎等诸多弊端，总体产量与木屑相当，虽然具有发菌速度快、出菇周期短以及占用劳动力较少等生产优势，但其生产成本大大高于木屑原料，这一点，在 20 世纪八九十年代并不突出，但近几年棉籽壳原料价格的突飞猛进，使得人们不再有利用棉壳的想法了。

14. 棉秆粉栽培如何配方？

棉秆粉 200 千克，麦麸 40 千克，玉米粉 10 千克，豆饼粉5 千克，复合肥 3 千克，石灰粉 5 千克，石膏粉 1 千克，三维精素 120 克。

15. 棉秆粉原料有何优势？

棉秆粉原料的最大优势是，原料易得，价值很低，其成本仅为粉碎加工的费用而已，而且，同时具有质地偏硬、耐分解等优势。

16. 棉秆粉原料有何弊端？

棉秆粉原料的弊端有二，第一，不易粉碎加工，尤其其韧皮组织更是普通粉碎机械难以粉碎的组织；第二，营养成分差，速效营养物质极少，必须进行科学配方。需要特别提请注意的是，棉秆的粉碎加工，颗粒不要过于细碎，否则，加上韧皮组织以及大量的尘土，将会导致通透性差，对发菌不利。

17. 木屑废棉混合如何配方？

木屑 150 千克，豆秸粉 60 千克，麦麸 40 千克，豆饼粉 3 千克，复合肥 2 千克，石灰粉 4 千克，石膏粉 2 千克，三维精素120 克。

18. 木屑废棉混合有何优势？

木屑废棉的混合基料，最大限度地解决了单纯木屑的营养差、碳氮比失调和单纯废棉原料的通透性差、棉絮团块吸水难、拌料不匀等诸多问题，二者的优势结合，用于滑菇栽培，可以获得较好的生产效果。

19. 木屑废棉混合有何弊端？

木屑废棉混合作为栽培基料，一定要解决好木屑颗粒大小适宜和废棉原料吸足水、吸水均匀两大问题，否则，将会在栽培生产中发生一些难以预料的问题，如发菌困难、污染率高等。

20. 木屑玉米芯混合如何配方？

木屑 120 千克，玉米芯 80 千克，麦麸 50 千克，大豆粉 5 千克，复合肥 3 千克，石灰粉 5 千克，石膏粉 2 千克，三维精素 120 克。

21. 木屑玉米芯混合有何优势？

木屑玉米芯混合料较好地解决了木屑营养差、玉米芯不耐分解等问题，二者的结合，使得基料营养问题和通透性问题得以同步解决，发菌及出菇均较理想。另外，也顺便解决了某种原料的不足等现实问题。

22. 木屑玉米芯混合有何弊端？

木屑玉米芯混合料的弊端是，玉米芯的颗粒不宜过小，否则将会影响基料的通气；再就是玉米芯的比例不宜过高，以免出菇期发生菌块（盘）收缩严重，甚至菌块断裂或破碎等问题。

23. 豆秸木屑混合如何配方？

豆秸粉 100 千克，木屑 100 千克，麦麸 40 千克，玉米粉 10 千克，大豆粉 5 千克，复合肥 3 千克，石灰粉 5 千克，石膏粉 2 千克，三维精素 120 克。

24. 豆秸木屑混合有何优势？

豆秸木屑混合料的优势主要有二，第一，利用豆秸含氮量高的特点，在注重有机营养的原则下，解决木屑营养差、碳氮比失调的问题；第二，充分利用秸秆类原料，解决优质木屑原料不足等问题。

25. 豆秸木屑混合有何弊端？

豆秸木屑混合料的弊端，首先是豆秸原料的资源问题，很多地区并无该种资源；其次是豆秸的比例不宜过高，否则将会导致菌块过早收缩，或菌块断裂等。

26. 桑枝豆秸混合如何配方？

桑枝屑 110 千克，豆秸粉 100 千克，麦麸 30 千克，玉米粉 10 千克，棉籽饼粉 3 千克，复合肥 3 千克，石灰粉 8 千克，石膏粉 2 千克，三维精素 120 克。

27. 桑枝豆秸混合有何优势？

桑枝豆秸混合料的主要优势是，充分利用了桑枝原料，使原来的薪柴甚至废料得以有效利用，并在豆秸的配合下，同时解决了桑枝原料自身营养差等问题。

28. 桑枝豆秸混合有何弊端？

随着农村地区养蚕业的稳定发展，桑枝原料越来越多，但至今没有得到有效利用，部分地区曾将之用于食用菌栽培，但多是做完成果鉴定后就不再利用了。究其原因，主要是存在资源分散、难以收集、不好粉碎、配方不理想等问题。

桑枝豆秸混合料的最大问题是，桑枝原料的收集和粉碎加工难度大，豆秸原料的资源短缺。

29. 木屑蔗渣混合如何配方？

木屑 130 千克，蔗渣 70 千克，麦麸 40 千克，玉米粉 10 千克，大豆粉 5 千克，复合肥 3 千克，石灰粉 5 千克，石膏粉 2 千克，三维精素 120 克。

30. 木屑蔗渣混合有何优势？

木屑蔗渣混合料的优势是木屑耐分解，菌块会一直保持完整；蔗渣，是一种工业废料，利用率很低，与木屑掺混后用于栽培，对于保护环境有着重要的社会意义和现实意义。二者结合的关键问题是科学设计配方，认真调配营养。

31. 木屑蔗渣混合有何弊端？

木屑的弊端自不必多说，蔗渣是一种工业废渣，营养很差，质地细碎，如果配合的木屑也很细碎的话，则会导致基质通透性很差，发菌困难，污染率上升。而且，该种混合料的栽培，发菌慢、出菇时间长，导致生产周期较长。

32. 滑菇块栽如何接种？

滑菇块栽的接种采用经模框压块并包膜的料块，一般可在 24 小时后进行接种，或测量料温在 30℃ 以下时即可。接种前，先打开包膜，在料面上打孔至料底，一般料块长宽分别为 50 厘米×40 厘米时，可打孔 12～16 个；也可焊接一个打孔器，在 50 厘米×40 厘米的铁板上，焊接长 10 厘米的锥形打孔针，将之进行表面消毒后直接按到料面上，用劲下压即可完成打孔。但该种打孔很是费力，并且因为拔出时会带出基料，弄散料块，已经很少采用了，现多改回手持打孔棒（锥）逐个打孔。接种前，事先由专人将菌种挖瓶并掰碎，不要用手搓碎；按计划用量将菌种快速撒到料面上以后，随手用消毒木板刮一下料面，使菌种落入接种孔内，料面剩余部分菌种，用木板按压，使之尽量于料面持平，然后迅速包严塑膜，静置。

一经接种，料块即成为菌块，菌块进入发菌期。

33. 块栽滑菇后熟培养如何操作？

滑菇菌块在适宜的条件下发菌，根据原料的不同，约 60～90 天即可完成初步发菌。该种完成初步发菌与平菇鸡腿菇等菌袋的完成初步发菌不同，后者只是表面覆盖了菌丝，但其基料内部并未被菌丝全部占领，约有 30% 的基料尚属"黑料（没有菌丝的基料）"，前者完成初步发菌的基料，已经全部布有菌丝、没有黑料了，只是菌丝尚嫩，而且数量不足。

完成初步发菌后，菌块不宜挪动；将适温调至 5℃ 以下，维持 15 天以上，即可达到后熟的目的。

34. 滑菇箱栽如何接种？

滑菇箱栽的接种，与本节 32 相同即可，不再赘述。

35. 箱栽滑菇后熟培养如何操作？

滑菇箱栽的后熟培养，可以将菌箱搬入冷库中码高，维持 5℃ 以下、15 天以上；也可参考本节 33 等内容进行，不再赘述。

36. 滑菇盆栽如何接种？

滑菇盆栽的接种，对于直径小于 20 厘米的栽培盆，可在中部打一直径 2 厘米以上的接种孔至料底，然后撒入菌种；对于直径在 20～30 厘米之间的栽培盆，可在盆中位置按等腰三角形打三个接种孔，操作同上；对于 50 厘米左右的栽培盆，应在料面上打圆形"回"字形（即内外双圆形分别为 5～7 孔、7～11 孔）接种孔，操作同上。

37. 滑菇盆栽滑菇后熟培养如何操作？

滑菇盆栽的后熟培养，可参考本节 35 等内容进行，不再赘述。

38. 滑菇袋栽如何接种？

滑菇袋栽的接种操作，与猴头菇、柳松菇等品种相同。

① 小料袋一头出菇：折底袋装料的菌袋，打开开口端，一头接种。

② 小料袋两头出菇：筒料的塑袋，两头装料，打开两头扎口，分别接入菌种。

③ 粗料袋两头出菇：筒料的塑袋，规格对照扁宽 22 厘米以上，两头装料，打死扣；一面打接种孔 4～6 个，或两面各打接种孔 3 个，接入菌种。

39. 袋栽滑菇后熟培养如何操作？

滑菇袋栽的后熟培养，可将菌袋装入周转箱中，在冷库中码高，静置培养。或参考本节 33 等内容进行，不再赘述。

40. 目下的滑菇生产多用哪种栽培模式？

目前为止，我国的滑菇栽培，多为块栽模式。

块栽模式的操作流程一：基料调配——装袋、灭菌——冷却、接种——菌袋培养——打开菌袋——掰碎菌柱——建模装料——包膜发菌——后熟培养——菌块。

块栽模式的操作流程二：基料调配——建模装料——包膜灭菌——冷却、接种——发菌培养——菌丝后熟——菌块。

后者由于建模装料、包膜灭菌等环节的操作很是不便，故采用者较少。

41. 为何多用块栽模式？

块栽模式，除一个很简单的托架外，其余的投资也是少而又少。比如，可用家庭中随处可见的木棍等支起栽培架，将托架排上即可；大规模商品生产的，可以利用废旧钢管、角钢等焊制栽培架，用小指粗的竹竿绑制托架，按照闽浙双孢菇菇棚模式搭设出菇棚，一层塑膜一层草苫即可。辽西、冀北以及赤峰等地的滑菇棚，就是该类模式，易操作、很简便、成本低、好管理。

42. 为何少用箱栽模式？

箱栽模式，仅限少量试验性栽培，或者小批量设施化栽培，如单位的实验、单位的定点供货等。如进行商品化生产，则很难操作，原因是劳动强度高、生产成本高，利用该模式进行商品生产很不划算。

43. 为何不用盆栽模式?

盆栽模式的情况与本节 46 所述的箱栽模式大同小异,除了栽培容器有区别外,其余均相同,因此,少有人采用。但是,如果喜欢进行观赏性栽培,可以进行少量生产,但不能进行菇品的商品化生产。

44. 袋栽模式为何受欢迎?

袋栽模式,是 20 世纪 90 年代进行试验性栽培一举成功的栽培方式,其优势是符合生产者的操作习惯,迎合了现有栽培设施、设备等状况或条件。但是,由于滑菇的子实体不要求长大,尤其不能粗长,而在菌袋内的生长,一般都会偏长或者偏粗,不符合滑菇的商品要求,因此,只在部分新开发地区可以将又粗又长的滑菇进入市场,而在传统产区的市场上,粗大的菇品是会被拒之门外的,因此,袋栽可以出菇,但不适合市场。如果将滑菇产品用于深加工,如将菇品打浆后用作某种食品加工,那自然是要求栽培产量高,而不会讲究商品外观的。

45. 为何块栽模式产量偏低?

块栽模式,菌块大暴露于栽培空间,不免失水偏多,而水分是产菇量的关键制约因素,所以,相对于袋栽方式,块栽模式的产菇量偏低一点,不足为怪。

46. 为何袋栽模式产量理想?

袋栽模式的产量稍高,原因在于菌袋自身较之菌块的暴露面小、菌袋浸泡补水容易等,并且,菌袋内的子实体长得相对较粗大,也是一个重要原因。

第二节　滑菇菌种及市场问题

1. 滑菇有什么温型的菌株?

根据出菇温度的不同,把滑菇分成几个温度型。

① 高温型菌株：极早熟，出菇 7～20℃。

② 中温型菌株：早熟，出菇 6～18℃。

③ 中温偏低型菌株：中熟，出菇 5～15℃。

④ 低温型菌株：晚熟，出菇 5～12℃。

2. 滑菇菌株有几种类型？

滑菇菌株根据菇体的个头有大小之分，根据出菇温型有早熟晚熟等分别。应该说，温度区别的价值最大，因为该区别可以确定其适应的环境条件，生产者可以据此设置生产条件和管理措施等。具体可参考本节 1 等相关内容，不再赘述。

3. 金滑 108 菌株有何特性？

出菇温度 7～20℃，以 12～15℃为宜；该菌株发菌速度快，抗杂力较强，在菌膜厚度适宜或刮除菌膜处理合适的条件下，出菇整齐、密集，出菇势壮而猛，在基料营养全面均衡的条件下，经过合理后熟期，即有"一次性出菇"的势头；菌盖圆整，菌柄粗壮，菇体晶莹剔透，似有透明的感觉，商品价值高，利用木屑、棉籽壳基质栽培时，一般生物学效率 100％左右。

4. 金滑一号菌株有何特性？

自然条件下，出菇温度 6～18℃，以 10～15℃为宜，其他特性与金滑 108 基本相同；适应江北地区深秋季节及初春出菇，尤其成为东三省的主栽品种之一。

5. 滑菇 5188 菌株有何特性？

出菇温度 5～20℃，以 10～13℃为宜，其他特性与金滑 108 基本相同，适应江北地区深秋季节及初春出菇。

6. HN-93 菌株有何特性？

出菇温度 5～18℃，以 8～13℃为宜，其他特性与金滑 108 基本相同，适应江北地区冬季及初春出菇。

7. HN-03 菌株有何特性？

出菇温度 5～13℃，以 8～12℃ 为宜，其他特性与金滑 108 基本相同，适应江北地区冬季及初春出菇。

8. 滑菇鲜品市场如何？

如前所述，滑菇鲜品在一般市场上难得见到，唯有在产区，才可能在出菇季节享用到真正的鲜菇。其他地区的市场，最好的当属保鲜品，其次就是罐制品或者盐渍品，最多的就是干制品。除真正的鲜品外，当以食用干品为上，不但风味依然，尤其干品的口感，是一般鲜品无法比拟的。

9. 滑菇可以真空包装吗？

可以。但做商品真空包装，必须慎重。因为真空包装后，如非低温储存，则很快会出现一种霉味，令人不快甚至厌恶。

10. 滑菇可以保鲜吗？

可以短暂的保鲜，关键的制约因素是温度，此外，还有湿度等问题。

11. 滑菇低温保鲜如何操作？

滑菇低温保鲜的操作，一般是在低温库里冷却后，装入泡沫保温箱并予密封，然后交付运输或销售等。如在超市等，有展示柜可以利用，保鲜效果会更好一些。

12. 滑菇干品市场如何？

滑菇干品，是近年才有的一种独特的产品，说其独特，就是因为原本鲜品都很是稀罕的品种，居然也有干品应市了，其实，说怪不怪，这就是市场调节的威力所在。在河北、辽宁等地市场出现过滑菇干品，但在山东以南地区少有见到，可以说明两点，第一是消费者的认知度和接受能力，这是宣传力度的问题；第二则是产品的数量，不足以满足市场的铺货。由此看来，滑菇的干品，还是很有增加产量、做好宣传的必要性，或者迫切性。

但是，需要说明一下，滑菇的干品中，夹杂着一些老化菇、虫蛀菇等，给产品的广泛推广造成了些许障碍，给滑菇消费带来了负面影响，期望生产者改变粗放生产和经营的思维，严格产品质量，以确保该区域性的产业项目能够造福一方、带富一方，而不是短期产业，劳民伤财。

13. 滑菇如何盐渍？

滑菇的盐渍，相对于其他品种，还是比较简单的，主要工艺流程是统一规格──→护色清洗──→杀青处理──→流水冷却──→一次盐渍──→倒缸──→二次盐渍并封缸──→分装、成品、商品。

① 统一规格。一般条件下，滑菇的子实体个头相对比较一致，因此，所谓的统一规格，就是对菇体菌柄的长度进行统一，这在商品分级上是有较严格的要求的。当然，期间也不排除对菌盖大小的区别和分级。

② 护色清洗。我们强调使用食盐溶液进行护色，而不要沿用含硫化学品之类的护色产品，因为一旦检出硫元素超标，国内市场将会强制下架，出口后也会被退货或者遭遇就地销毁等处罚，非同小可。

③ 杀青处理。可以调配一定浓度的食盐溶液进行杀青，绝对不要用那些含硫化学产品，这是食品要求，也是食品市场的趋势。

④ 流水冷却。完成杀青后，立即投入流动的冷水（最好是地下水，或者符合饮用水质量的井水等）中进行快速冷却，以免"闷菇"的发生。

⑤ 一次盐渍。冷却后菇体稍加沥水后，投入饱和盐水中压住不使露出液面，根据温度高低静腌 2～7 天。

⑥ 倒缸和二次盐渍并封缸。将经过一次盐渍的滑菇捞出，投入到新的饱和盐水中，压住不使菇体露出液面，并使用干盐封住顶面。

⑦ 分装、成品、商品。封缸盐渍的滑菇，经过 7 天或更长时间的盐渍后，即可根据经营计划进行分装，或作为产品入库，或成为商品进入流通，也可作为新的原料进入新的加工流程中。

14. 滑菇盐渍品市场如何？

滑菇盐渍品一直处于畅销水平，或者因为货源较少，或者由于消费人群较广，也可能是滑菇良好的食用口感等使得食用渠道较多因素，较之平菇等盐渍品的销售好得多，并且价格也处于比较理想的水平。

15. 滑菇盐水小包装市场如何？

滑菇盐水小包装，有两种情况。一种是盐渍品稍加脱盐，或完成基本脱盐后予以清水包装；另一种是鲜菇直接用淡盐水进行包装。前者的保质期较长，后者较短，二者的市场状态差不多，如果一定要区分，当以前者销量为大，后者较小。

16. 滑菇瓶装罐头市场如何？

滑菇瓶装罐头近年已少见踪影了，是否已退出市场尚难确定，但是，即便是在原产地也难以见到那种滑菇玻瓶罐头包装确是事实。

第三节　滑菇的栽培模式及其利弊

1. 滑菇块栽模式是何概念？

滑菇的块栽模式，就是在栽培架上使用模框衬垫塑膜，将灭菌后的基料倒入其中压成料块、冷却后接种、完成发菌后制成菌块，去掉塑膜后进行出菇管理的一种栽培模式。也有的是将完成发菌的菌袋打开掰碎后，直接压块；还有的是制作很多模框并包好基料，然后灭菌、冷却、接种等制成菌块。最终的出菇均为脱掉塑膜，架上出菇的模式。

2. 滑菇块栽模式如何操作？

滑菇块栽模式的基本操作如下。

方法一，散料灭菌、模框压料接种的操作。可将常压灭菌灶的灭菌室建为朝天型，即不封顶，方形圆形皆可，最好建成底部略大、上口略小，底部预留出料口，以利完成灭菌后向外掏料；将模框置于固定位置，内衬可将整个菌块包严的新塑膜，将灭菌后的熟料倒入，用消毒后的木板压实，至与模框高度相齐并稍有龟背顶时，平整料面并压实，将塑膜包严料块，拆下模框，再进行下一块的操作。该方式为开放式操作，故污染率相对较高，所以仅适应于气温低、杂菌基数低或有空气过滤及温度调节的生产单位及场所。

方法二，包好基料灭菌后接种的操作。准备与压块模框相同大小的木盒，灭菌前铺上塑膜、填入基料并压实后，直接搬入灭菌室进行灭菌，完成灭菌后即整体搬入接种（培养）室，冷却后接种同压块。该方式占用大量木盒，适合规模化、专业化程度较高的单位或个人。

方法三，袋料发菌后压块的操作。按照传统袋栽方式完成发菌后，打开塑袋，将菌丝块瓣碎，然后参照方法一使用模框将之包起并压实，菌丝块重新发出菌丝即可相互结合成为一个整体，与上述两个方法的菌块无二。

3. 滑菇块栽模式有何优势？

滑菇块栽模式的最大优势有二，首先，就是一个菌块"一个主体、四个辅助面出菇"，虽然四周的出菇面出菇量很少；其次，就是出过一潮菇后，将菌块可以翻转180°后重新"第一潮出菇"，大大降低了"菌丝不能长距离输送营养和水分"的风险，使得产菇量有了技术上的保障。

4. 滑菇块栽模式有何弊端？

滑菇块栽模式的主要问题是，菌块的生产操作不便，尤其压料接种的操作更是费工费时，不适合集约化生产。

5. 滑菇箱栽模式是何概念？

滑菇箱栽模式，就是以箱作为栽培容器，箱体底面不留出菇孔的为单面出菇，或者将菌块倒出来翻转后重新装入栽培箱。

6. 滑菇箱栽模式如何操作？

滑菇箱栽模式的操作相对比较简单，在使用试剂包装木箱的栽培试验中，将拌好的基料装入箱中，进行常规灭菌、接种等程序后，排架出菇，两潮后将基料顺利整块倒出，翻转后再装入，然后再行泡水、出菇等，不会发生菌块破碎等，效果不错。

7. 滑菇箱栽模式有何优势？

滑菇箱栽模式的主要优势是，菌块完整，便于管理，即使菌块补水时，较之单纯的菌块也好操作。

8. 滑菇箱栽模式有何弊端？

滑菇箱栽模式的主要弊端是，木箱的前期投入高，折旧成本较高；即使使用塑料周转箱也是存在该类问题。该模式可以在设施化栽培中使用，不适合散户采用。

9. 滑菇盆栽模式是何概念？

滑菇盆栽模式，就是将基料装入栽培盆的一种栽培模式，采取架栽方式，尤其在5~10℃的偏低温度环境中，甚至可以将之作为盆景，具有相当的观赏价值。

10. 滑菇盆栽模式如何操作？

滑菇盆栽模式的基本操作，第一种是可以将基料装入后再行灭菌、接种等操作，第二种是将基料进行散料灭菌后再型装盆、接种等操作。前者的操作为最保险，但灭菌占用空间大，生产成本较高；后者的灭菌等与本节2中的方式一相同，成本较低，但是，相对的污染率较高。

11. 滑菇盆栽模式有何优势？

滑菇盆栽模式的最大优势有二，第一就是栽培盆小巧，便于装料、灭菌、接种、排架等搬动操作，劳动强度小；第二就是具有较高的观赏价值（是否将之整合一下成为新的观赏品种"进驻家庭"，尚待相关读者以及业内外朋友参考）。

12. 滑菇盆栽模式有何弊端？

滑菇盆栽模式的问题就是操作烦琐，单位空间内的装料量较少，相对的灭菌、栽培等摊入成本较高，应该属于高投入高回报的生产项目，比如做观赏盆景销售等。

13. 滑菇袋栽模式是何概念？

滑菇袋栽模式的概念，就是采用与猴头菇、柳松菇相同的栽培方法，使用塑袋作为栽培容器装料出菇。但是，滑菇品种比较特殊，只可作为单头直立出菇，使之保持直立向上的生长态势和产品的周正，提高商品价值。

14. 滑菇袋栽模式如何操作？

具体参考本节13以及本书第三章第三节9、10、11、12等柳松菇的直立出菇模式等相关内容，不再赘述。

15. 滑菇袋栽模式有何优势？

滑菇袋栽模式的最大优势是，顺应了滑菇性喜向上生长的特点，并且使之个头均匀便于分级、菌柄直立便于收获等。

16. 滑菇袋栽模式有何弊端？

滑菇袋栽模式的最大弊端，首先就是不便采收，其次就是菌袋易失水，影响生物学效率；但是，只要进行有效补水，与菌块栽培的并无区别，故无须担心。

17. 菌块如何进行菌丝后熟培养？

① 菌丝后熟的理论根据。众所周知，任何品种食用菌的出菇，均是以其菌丝数量即生物量为前提的，即一定范围内，生物量越大，时间越长，菌丝成熟度越高。出菇势头就越猛，产量亦越高。传统的栽培大多采取发满菌就刺激出菇的方法，结果不光是头潮菇数量很小，而且大大延长了总体出菇时间，人为地增加了生产成本。根据研究，强调菌丝后熟培养，是保证菌丝数量最大化、菌丝充分成熟化、头潮菇产量最大化的有效措施。

② 菌丝后熟的基本操作。打开菌块检查，菌丝已全部吃透料，如果该阶段气温偏高时，因采取地面浇水、墙体喷水以及加强夜间通风等措施，使其继续发菌，即进行后熟培养；菌丝的后熟培养，除降温等条件外，还可结合翻转菌块等措施，培养室（棚）的严格避光是发菌期间自始至终必须严格坚持的措施之一，意在使菌块菌丝接受的外部刺激最小化，以利菌丝的正常、大量生长，为出菇奠定丰厚的物质基础。

③ 菌丝后熟的标准。经约 30～60 天的培养后熟培养，此时的菌块表面将会有厚度不同的菌皮，并分泌出浅色酱油状的液体水滴，这标志着菌丝达到生理成熟，即将出菇；如果该阶段气温稳定在 20℃ 以下，即可催蕾，准备出菇，如春季播种，至夏季完成发菌，则应等到深秋季节再催蕾，并且，菌块还要进行越夏处理。

18. 越夏管理需要什么条件？

菌块的越夏，既是为了避开夏季高温季节，储备力量等待秋后开始出菇，同时也是一个菌丝后熟的过程和机会。越夏管理要求五个条件齐备，缺一不可。

① 严格避光。菌块接种后就不得接受光照刺激，尤其成熟的菌块在越夏期间更是不允许强光刺激，因此，应要求避光，除操作人员进入观察或进行某些操作的时间外，均应处于微弱散射光或黑暗状态。

② 尽量降温。所谓越夏，自然是处于温度较高的时间段，菌块在越夏期间不得高于 30℃，因此，降温便成为首要任务之一。除有条件采用空气调节器外，使用简便的"降温风机"效果也很好，一般可将室温降至 23℃ 以下，而且该设备夏季用于降温，冬季还可用于升温，运行成本较低。

③ 必须通风。尽管处于越夏阶段，但菌丝仍有一定的代谢作用，即吸氧排碳，因此，加强通风管理也是重要任务之一，一般可在夜间通风，微弱的风量即可满足。

④ 坚持防病。温度较高的季节里菌丝处于半休眠状态，其活力较弱，因此，适当降湿，并对室外喷洒百病傻和赛百 09 等药物用于防杂防病，预防效果很好。

⑤ 坚持防虫。夏季的虫害，很令人讨厌，也很令人无奈，它们趋味而来，通过菌块包膜的折叠处钻入后，在菌块上产卵，其幼虫咬食菌丝，给生产带来极大的损失。门窗、通风孔封装防虫网，室（棚）外清理虫源的同时并喷菊酯类高效杀虫药物，室内喷洒高效驱虫灵，每 2～3 天 1 次；发现有菇蚊等成虫进入，采用灯光诱杀等手段予以杀灭，以绝后患。

19. 开包搔菌如何操作？

① 开包搔菌。当气温稳定在 20℃ 以下时，打开包膜，使用自制类铁耙子对料面进行搔菌，意在破坏其菌膜的同时，给菌丝以有力的刺激；搔菌后，重新包上包膜，但不要包得太严，使之有所透气；增加室（棚）内光照，可达到 500 勒克斯以上；同时进行清水喷雾，使空气湿度达到 90% 以上；每天早上（以山东地区为例）5 点、下午 2 点以及晚上 10 点以后各 1 次，投料数量较大时，每天早晚各喷 1 次重水即可；喷水的目的，是增加和保持空气湿度。

② 菌袋出菇。当菌袋口的菌丝转成浅黄色时，打开袋口，盖上塑料膜，增加通气量，由于表面菌丝接触到大量新鲜空气，可快速转色，形成橘黄色蜡质层。去掉袋口颈圈，反卷塑料袋，用刀在蜡质层上划出裂口，纵横交错，深度以见下层白

色菌丝为宜。

20. 开包搔菌掌握什么温度条件？

开包搔菌的温度条件，必须掌握恰当，就是说，一旦搔菌后，即应转入出菇管理，而不得再有高温天气出现。当然，如果是气候暂时的反常倒不要紧，怕的是尚未进入适温季节，会有长时间的高温出现。一般来说，早熟品种可在菇房最高温度稳定在 24℃ 以下时进行，中晚熟品种在 22℃ 以下进行，个别寒冷的地方可以适当提前。以上的温度条件，只是允许，而非最佳，如果要求最佳，则应再行降低温度，以确保出菇无虞。

第四节　滑菇出菇管理

1. 催蕾怎么操作？

经过了菌丝后熟培养、开包搔菌等环节后，下一道工序就是催蕾，具体催蕾操作应按如下进行。

① 搔菌后的菌块进入一个新的生长期，即由营养生长往生殖生长方向转化，不要急于进行处理，而应继续将包盘薄膜覆盖在菌盘表面 4~5 天。

② 待划口长出新生菌丝体后，方可每天打开包膜对料面进行喷水，但注意不要有过多的水浸渍菌块，喷水管理最初的 4~5 天为轻水阶段，通过向盘面喷少量雾状水，保持盘面湿润，主要是向空间和地面喷水，每日喷 3~4 次，将环境湿度增大到85％~95％。

③ 从第 6 天开始进入重水阶段，应向盘面喷水，使水分逐渐向盘内渗入，此期间应增加 1 次夜间喷水，时间可在晚 8 点以后，或在后凌晨 2 点后，使菌盘含水率在 15~20 天内达到 70％左右，即超过拌料时的含水率。

注意，向菌块喷水的多少应根据菌块的密实程度而定，菌块自身密实并且蜡质层偏厚的，渗水慢，可适当多喷水，但不要使积水过多；菌块蜡层薄且菌块松软的，应适当少喷水。

④ 当环境温度和湿度适宜时，菌块表面开始出现米黄色原基，

此阶段的水分管理应以保持空间湿度为主，主要措施为空中喷细雾，并配合地面浇水使之自然蒸发，以使菌块表面的菇蕾始终保持湿润状态。

2. 如何进行温度管理？

子实体发生的最适温度因菌株而异，一般 10～18℃为宜。一般出菇棚（室）温度应不低于 10℃；中午菇棚温度高，应注意通风，使之不高于 20℃。

3. 如何进行湿度管理？

适当喷水，保持菌块水分不要降速过快，保持空气湿度 90％左右。主要措施就是，每天至少喷水 2 次和地面浇水；如温度特低时，可采取通入蒸汽的方式，既增湿又增温。

注意，喷到菌块上的水温不能与气温相差太大，水要轻喷、勤喷，既不使菌块表面干燥，又不可形成积水。当随着菇龄的增长，应适当增加喷水量。

4. 如何进行通风管理？

出菇期菌丝体需氧量增加，子实体更是需要大量氧气供应，通风的同时，应注意温、湿度不可发生剧烈变化。主要措施是，加强通风换气，降低菇房内二氧化碳浓度，温度高时，加大通风量和喷水量；温度低时，要增加光照，适当减小通风量或采用间隙通风。

5. 如何进行光照管理？

出菇期间，一般 300～800 勒克斯的散射光可促进子实体形成，光线不足时，子实体发生量少，菌柄细长，菌盖薄，菇体小，色浅，商品价值低，或不易形成子实体。

6. 温度管理有何原则？

催蕾期间控制温差在 10℃以上，出菇期间调控温度尽量平稳，温差不大于10℃为佳。

7. 湿度管理有何原则？

原则有二，第一，喷水（雾）要勤，湿差不要大于20％；第二，水温要尽量保持等温水平，避免水温的温差过大对幼菇形成刺激。

8. 通风管理有何原则？

原则有二，第一，必须保持空气清新，第二，不允许大风掠过。

9. 光照管理有何原则？

适当控制，不要过高或过低。

10. 温、水、气、光如何进行综合管理？

以温度管理为中心，工作重心是湿度管理，如为常规顺季栽培，则通风管理无需额外操作，进进出出的通风即可满足，光照管理亦是如此。但在设施化栽培时，应将各项条件的重要程度重新排名为温、气、水、光。

11. 蕾期怎么管理？

稳定温度的基础上，保持平稳的湿度条件。

12. 滑菇需要疏蕾操作吗？

滑菇不需要疏蕾操作，任其自然即可！

13. 如何掌握滑菇的适时收获时期？

滑菇的生产，应当按照合同约定的标准进行采收；如果自行进入市场销售时，应掌握八分熟采收。基本标准是子实体菌盖尚未展开，菌膜没有破裂，菌盖直径已达到1～2厘米，柄长2～3厘米，届时子实体呈半球状，菌盖边缘即将离开菌柄，菌盖表面橘红或橘黄色，表面呈油润光亮的外观，菌柄圆润，整个菇体呈现鲜亮、滑润、明快的晶莹剔透状态时，即可及时采收。未开伞的幼菇，菌柄坚实、质地鲜嫩、品质最佳。

注意，对菌块栽培的应采大（丛）留小（丛），注意不要伤到小菇蕾；菌袋栽培时，整丛菇全部采下，并随手清理料面。

14. 采菇后需要做哪些工作？

采收后，即应及时将菌块表面残菇、菇脚、死菇清理干净，停止喷水 4～6 天，让菌丝恢复生长，积累营养。如果菌块失水严重，可采取浸泡、注水等办法予以补水，然后重新包膜，令其休养生机，菌袋栽培的，直接浸泡补水效果更好。

15. 菌块补水如何操作？

菌块补水的注水法是使用注水针，打开水源后将之插入菌块内，看到有水从中大量溢出时，将注水针拔出，插入另一菌块，直至完成所有菌块的补水操作。采取浸泡补水的，可将菌块密集码于水池内，距离池沿 20 厘米左右时停止码高，以干料为基数，按照石灰粉 0.5%、尿素 0.1% 的比例撒到菌块表面，其上覆盖新塑膜，形成凹陷；对凹陷里灌满水后，再对菌块的水池里灌水，并不断往里补充。大约 6 个小时，菌块的重量约与出菇前相同甚至更多，说明补水完成，即可排水，将菌块移入栽培架，使之进入出菇前的休养生机。

16. 菌块补水有何利弊？

菌块补水的优势是，基料不缺水，第二潮菇产菇量不亚于第一潮；弊端就是费工费时费力，劳动强度较高。

17. 菌袋浸泡补水如何操作？

参考本节 15 等相关内容，不再赘述。

18. 菌袋浸泡补水有何利弊？

参考本节 16 等相关内容，不再赘述。

19. 发生黏菌如何处理？

菌虫，是一种近似真菌、而营养方式和生活循环又近似原生动物的一类原生生物。其流动的原生质在菌块上交织成网状并向周围扩散，色泽鲜艳，呈黄色或黄绿色，蔓延速度快，原仅几厘米的污染面经十几小时后增大到十多厘米。

① 发生条件：黏菌存在于自然界中，污水、垃圾堆、淤泥中都有黏菌的存在，黏菌孢子适应温度在 2～30℃，孢子发芽后在 12～26.5℃的适温下，形成不规则网状形体。当环境处于高温、高湿、通风差的条件下，滑菇菌块极易受到侵染。

② 发生规律：一般在滑菇开包搔菌约 15 天，尤其是开包过早、通风严重不好的菇房（棚）内容易发生。

③ 防治措施：掌握恰当时机开包搔菌；加强通风措施；发生危害后，将感染处刮掉，毛刷涂刷漂白粉后，喷洒 6％食盐水溶液，重新包膜；刮除的废料清理出菇棚，开水烫死，或送入锅炉烧掉。

20. 发生萎蔫状菇如何处理？

当发现子实体有萎蔫状，异常色泽、子实体发乌发暗等症状表现时，应采取以下措施：

① 清理病菇：将发病区域的子实体全部采除，并随之清理料面，刮除一层菌膜，对料面使用 10％石灰上清液涂刷的方式进行处理。

② 通风降湿：清理病菇和药物处理料面时，即应停止喷水，加强通风，创造一个不利病原菌生存的相对干燥的环境，并使药物渗透病区，使病菌失活。

③ 遮光养菌：病原菌侵染的基料，其内菌丝大伤元气，在杀死病菌以后，菌丝需要进入休养生机的环境，因此，应予闭光

处理。

21. 发生烂菇怎么办？

烂菇的发生的四大条件是菇体过分老化；温度偏高；通风不良；发生细菌或真菌型病原菌侵染。在温度偏高、通风不良、发生细菌时，烂菇的概率最高，其中尤以通风不良、发生细菌为最。防治措施如下。

① 加群通风管理。

② 采掉病菇，破坏料面，根据病情喷洒 300～500 倍百病傻溶液。

附录　实用查询

一、本书涉及的专业名词释义

1. 高温药物闷棚

高温药物闷棚，是对菇棚杀菌杀虫的一种处理方式，基本操作是：

在启用菇棚前，根据上一批栽培时棚内病虫害的发生情况，喷施 300～500 倍百病傻溶液和 200～300 倍赛百 09 溶液（注意：二者应单独、交替喷洒，不可混合使用），予以杀菌，并可在百病傻溶液中掺混诸如辛硫磷、速灭杀丁或氯氰菊酯等杀虫药物；用药间隔 1～2 天，阴雨雪雾天气间隔 3～4 天；喷药后，堵塞通风孔、密闭进出口等，并揭掉棚膜上的草苫等遮阳覆盖物，每次喷药后使之晒棚 1～2 天。

高温药物闷棚的目的：第一，高温条件下，药物分子更加活跃；第二，尽量短的时间内充分发挥杀菌杀虫作用；第三，降低或消除药物残留。

2. 完成基本发菌的概念

完成基本发菌的概念是：出菇菌袋的菌丝培养期，菌丝全部占领菌袋表面，也就是一般常说的"发好菌了"，其实，这只是完成发菌的初期，这就是完成基本发菌。

传统技术的操作管理，是在完成基本发菌后，则令其尽快出菇，新技术则要求从此即进入"菌丝后熟培养期"，使之继续发菌，意在增加基料中的菌丝数量，更多地积蓄生物能量，以使其一旦出菇则呈爆发之势。

3. 菌丝后熟培养的概念

菌袋（菌棒前身）完成初步发菌后，不急于安排或刺激出菇，而是将之置于偏低温度等条件下进行继续发菌，一般经约 15 天左右的后期发菌，即为菌丝后熟培养。

菌丝后熟培养的目的，是使菌丝在不适合出菇的条件下继续进行营养生长，更多地分解基料、扩大生物量，为出菇奠定优厚的物质基础。以平菇为例，一般来说，低温菌株约需 5℃ 及其以下、中广温菌株约需 10℃ 及其以下、高温菌株约需 15℃ 的温度条件，以及偏低的湿度条件，此外，自始至终保持避光环境是后熟培养的关键点，从菌袋开始发菌为起点，即应掌握避光，以免菌袋接受光照刺激。

关于菌丝后熟，有以下几点问题需要说明：

第一，欲达到爆发出菇的效果，菌丝后熟培养是必经之路。

第二，后熟培养没有严格的时间限制，有的在自然（冬季低温）条件下可以达到 30 天以上，如在人工控温条件下，可以掌握 15 天左右。

第三，后熟培养的操作，在合理调配基料营养的基础上进行为佳，否则，即使达到了后熟培养的时间要求，也会因营养缺乏（缺素）问题，使得基料营养不全面、不均衡，而很难达到爆发出菇的设计效果。

第四，根据品种或菌株的生物特性掌握后熟培养的温度和时间，不要千篇一律。比如高温菌株可控温在 20℃ 以下、掌握 15 天左右，而低温菌株则应调至 5℃ 以下、掌握 15 天左右，而不是一律的哪个温度数字；自然条件下的后熟培养，多予安排在最高气温 9℃ 左右，如东北地区的霜降后至清明节以前，河北、山西等地的立冬至春分前，山东、河南及苏北、徽北等地区的小雪至惊蛰前后，南方地区气温普遍偏高，应根据季节做出具体生产计划，不可盲目效仿某个资料的操作时间要求。

4. 郁闭度

林内郁闭度是指森林中乔木树冠遮蔽地面的程度，它是反映林分密度的指标，以林地树冠垂直投影面积与林地面积之比表示，完全覆盖地面的林内郁闭度为1。[根据联合国粮农组织规定，郁闭度达0.20以上（含0.20）的为郁闭林，0.20以下（不含0.20）的为疏林（即未郁闭林），其中一般以0.20～0.69为中度郁闭，0.70以上为密郁闭]。

如果栽培木耳类品种，可在任何郁闭度的林下进行；香菇类的室外露地栽培，以郁闭度0.20以上，不高于0.50的林下为佳，子实体抗旱性较差的如鸡腿菇、双孢菇等进行林地栽培时，郁闭度应在0.40～0.70为好，气温越低，郁闭度也可相应降低；子实体对鲜活度的要求越高、含水率越高的品种，如草菇、鸡腿菇等，要求的郁闭度越高。

5. 撬料

当床栽品种的基料含水率过高、基质透气性差时，导致发菌困难甚至发生菌丝自溶现象，在加强通风的基础上，使用二齿钩类工具，抓到料底后，往后方、向上将料撬（拉）起，使之松散一些，既可排出废气、增加新鲜氧气，又能快速去湿，降低含水率。约一周左右，即可重新将料压平，恢复原状。该操作只能在覆土前进行，所以，覆土后的用水应小心。

6. 滚动组方

我们在多年的研发实践中发现，食用菌生产中，各种病虫害随着不断接受药物而不断增加抗性，因此，首次使用有效的药物，往往在第二年或第三年使用时效果变差，这是一个规律性的问题，因此，我们在具体实践中，根据温侯（气象等）状况和病虫害发生预测等，对药物适当进行组方调整，并进行先期试验以验证其效果，以求得大面积中试或推广的最佳效果，这就是我们所谓的"滚动组方"。在这个体系中，如果不改变药物的形态（基本物理形态）以及使用方法，则维持其原来的名称；如果改变其形态或者增减用法及其用量后，其名称往往亦随之变更。

7. 湿度

指相对空气湿度。一般干湿计上多附有湿度查对表，使用方法为：干表读数减湿表读数为其湿差，然后在查对表横栏找出湿差读数，在左栏找出干表读数，两读数连线相交处数字即为湿度，用%表示。现在市场上有"直读式湿度计"，可以自动显示场所湿度数字，使用更加方便。

两种湿度计各有其利弊，前者的价格低廉，但两只温度计必须准确一致，并且，必须保持湿度表的湿润，否则无法测出准确的湿度，而且需要查表才能知道湿度数字，使用较为烦琐；后者直接读数，一目了然，使用方便，但其价格较高，在菇棚中使用，与环境好像有点不太协调。

8. 菌种脱毒

采用系列生物措施除去菌种携带的病菌病毒，使菌种恢复原来的生物学特性。现在采用的"四循环微控脱毒技术"进行脱毒，效果较好。

9. 堆酵

指基料拌好后的建堆发酵。

10. 播种量

一般指生产中实际使用菌种数量与所播基料之比，严格来说，应以播种率（%）表示，此其一。其二，菌种指湿重，基料则以干重计，生产中已约定俗成，沿用下来。

11. 兆帕（MPa）

法定压力单位。过去灭菌压力一般用千克/厘米^{2}表示，为与国际计量接轨，现一律改为帕（Pa）或兆帕（MPa）。一般高压灭菌压力在 0.15～0.2 兆帕（MPa）之间。

12. 勒克斯

lx，光照强度单位。

13. 消杀

消毒杀菌杀虫的简称。

14. 生物学效率

这是一个常用的并且较易混淆的概念，日常生产中，说明产出蘑菇数量的词汇主要有三个，即产量、生物学效率、生物转化率。

产量：含义比较清楚，无论单位面积产量还是总产量等，不容易被曲解。

生物学效率：是指单位数量的培养料（风干，下同）所产出的培养物的干重与该培养料的比率。但现在生产上约定俗成的多将鲜菇作为培养物，即指每个单位的风干料所产出的鲜菇与该料的比率。如1吨原料总计产出鲜菇1.5吨，则该批生产的生物学效率为150%，但在某些以干品为最终培养物的品种上，仍以干重计，如灵芝等。

生物转化率：指单位数量的培养料在完成培养物的产出以后，因产出而使培养料被转化掉的物质数量与原来培养料的比率。

15. 边料

料堆四周厚度约5～7厘米的料；一般含水率低，未经高温发酵。

16. 底料

料堆底部约30厘米的料；该料层中存有该料堆的沉淀水分，含水率较高，而且通透性较差。

17. 顶料

料堆最上部约30～40厘米的料；该料层接受了部分料堆中向上蒸腾的热量；料中水分中等偏低。

18. 料芯

料堆底部约30厘米以上、圆形料堆中间直径约30～50厘米的基料，为该料堆的料芯。

19. 厌氧区

除料芯外，继续延伸到料底的基料，为发酵厌氧区。

20. 高温区

基料堆积发酵时，料表 20 厘米以下、堆底 20～30 厘米以上的基料，温度最高，即为高温区，该区域不包括厌氧区。

21. 干料区

与边料基本相似。料表部分厚度约 10 厘米的料，由于风吹日晒的自然散失和料内高温的向上蒸发，使得基料水分大量流失，即形成干料区。

22. 高水区

即底料区。

23. 床基

草菇、双孢菇类品种栽培时，修建的略呈龟背形的畦体，为区分和书写以床基称之。

24. 品温

大多指菌袋内部的温度，以℃表示，有时也称畦床直播栽培时的料温。

25. 木桶理论

使用若干块木板组合木桶时，该桶的盛水量取决于最低的木板，该理论尤其在营养教学和科研中提及的较多。

26. 塑料袋规格

正规生产企业产出的用于食用菌生产的菌袋，无论使用聚丙烯还是聚乙烯材料，大多以筒料形式供货，其规格均以该筒料（双层）的扁宽

（毫米）乘以单层的厚度（毫米）表示，如 250×0.03 规格即表示该筒料扁宽 250 毫米、单层厚 0.03 毫米，实际上该筒料的周长 500 毫米，菇农习惯上大多则称其为"扁宽 25 的袋子"，或简略为"25 的袋子"。

27. 接种率

同用种率，以受接料的干料为基数，以菌种的湿重为比数。如在 10 千克干料（湿料约 25 千克）上接入菌种（湿量）2 千克，即其接种率为 20%，是一个相对数字。

28. 播种量

可以是该批投料的用种数量，也可以是单个菌袋的用种数量，是一个绝对数字。如某批投料生产的用种为 800 千克，或这个菌袋用种 30 克等。

29. 剔杂

发菌过程中，几乎不可避免地会发生杂菌污染等问题，尤以夏秋季节的生产为甚，故在该过程中需不断进行检查，发现污染菌袋，立即取出培养室进行处理，习惯上称为"挑菌种"或"挑菌袋"。

30. 回接

生产中出现菌种接种后不萌发，或栽培接种后不成活等现象，为了分析其原因，往往将该菌种再转接回 PDA 培养基上，试验并确认其活性，称为回接。

31. 重播

因为原来的播种没有成活，或菌种活力不强，需要重新再播一次菌种，即为重播，该现象多在栽培中出现。

32. 品种

遗传性状具有稳定性、一致性的栽培群体。如香菇品种、平菇品种等。

33. 菌株

食用菌一个品种中的、在若干遗传特性上有区别的、不同编号或不同名称的菌种，如香菇品种中的香农 66、香农 69，是香菇品种中的两个菌株，而不是两个品种；平菇品种中的特抗 1 号、农科 12，是平菇品种中的两个菌株，而不是两个平菇品种等。

34. 培养基

培养物生长所需营养物质的液体或固体混合物。生产中的培养基，又称基质，大多是指菌种而言。

35. 基料

食用菌生产中，人工调配的供食用菌菌丝和子实体生长的培养料，包括主要原料、辅助原料（辅料）以及添加的其它有机无机物的混合基质，又称培养料。

36. 生物量

培养基质中所生长的菌丝的数量。多见于液体发酵或栽培发菌。

37. 菌种退化

菌种在栽培生产过程中，由于环境条件的改变、混杂，发生遗传性变异以及由于管理不到位等原因而使适应性和产量逐渐下降的表现。

38. 种源

意指原始菌种。生产上泛指上一级菌种，如制作二级种时使用的一级种称为该次生产的种源，以此类推。

39. 消毒

采用物理或化学方法消除培养基中或培养物以外的其它表面微

生物的方法。表面消毒多采用酒精或洁尔灭等药物，利用其渗透原理凝固杂菌蛋白质，以达抑制和消除的目的。

40. 灭菌

采用物理或化学方法杀灭培养基中一切微生物的方法。培养基多采用湿热方法灭菌，一般栽培生产可采用常压灭菌，菌种生产多采用高压灭菌；实验材料如液体石蜡以及金属或玻璃等器皿类可采用干热灭菌方法。

41. 侵染

接种培养的菌种或栽培发菌受到其他微生物的侵入性感染。

42. 污染

菌种或栽培在培养发菌过程中混有其他微生物或有毒物质，或受到其它微生物的侵入性感染。生产中多为木霉、曲霉、毛霉等污染。

43. 污染源

带有滋生杂菌、害虫及有毒物质的场所或物体。实际生产中，露天旱厕、垃圾堆、粪堆、厩舍、死水塘、臭水沟以及仓库等均为污染源，应予远离或清理卫生、彻底消杀后并经常性消杀。

44. 营养调配

营养是食用菌赖以生存的能源或元素，调配是指根据食用菌生长所需营养添加某些组分。现生产上多采用加入食用菌三维营养精素拌料并直喷子实体的措施，达到大幅增产的目的。

45. 含水量

基料中实际加入的水的数量，是一绝对数字。如按料水比 1：1.5 计算，每吨原料中即加入 1.5 吨水，则该基料的含水量为 1500

千克（其中不包括原料本身的水分）。

46. 含水率

基料中所含水分的比例，是一相对数字。如按料水比 1：1.5 计算，每吨原料中即加入 1.5 吨加入的水，则该基料的含水率为：$1500/(1000+1500)=60\%$（其中不包括原料本身的水分）。

47. 回温

温度回升的意思，主要在低温储存或保藏菌种时使用，比如，欲将 $-10℃$ 低温储藏的菌袋置于 $20℃$ 自然条件下出菇，温差达到 $30℃$；温度环境直接相连，则菌丝细胞组织会因温度的剧烈变化突然涨发而爆裂，细胞液溢出，菌丝死亡，不会再出菇；因此，在 $-10℃$ 条件下往 $20℃$ 自然条件下转移时，需要一个回温的过程，其目的就是令菌丝细胞适应变化的温度条件。

二、 国内主要食用菌媒体

1. 食用菌（双月刊）

公开发行；上海市奉贤区金齐路 1000 号；除部分科研论文、实验报告外，以适用性、实用性文章为主，兼之以实用小窍门等技术，此外，信息量较大，为一线生产及科研、教学等工作人员不可或缺的专业刊物。订阅电话 021-62203043、52235459。

2. 中国食用菌（双月刊）

公开发行；云南省昆明市政教路 14 号；以科研报告及适用性文章为主，信息量较大，为科研、教学等工作人员不可或缺的专业刊物，另外，一线生产人员也可订阅参考。订阅电话 0871-5151099、5110294。

3. 食药用菌 （双月刊）

公开发行；杭州市石桥路 139 号；以科技论文和实用性技术文章为主，兼之以大量广告信息，为一线生产及科研、教学以及食药用菌经营等人员不可或缺的专业刊物。订阅电话：0571-87078782。

4. 食用菌信息 （月刊）

内部刊物；福建省龙海市九湖镇新塘村；以本地技术、信息为主，兼之以国内外食用菌技术、信息的摘编。0596-6638338、6638815。

5. 食用菌学报 （双月刊）

公开发行；上海市奉贤区金齐路 1000 号；主要是学术性论文为主，是国内唯一的食用菌专业学术刊物。

6. 全国食用菌信息 （内刊）

中菌协内部刊物，自办发行。订阅电话：010-66030506。

7. 龙海食用菌信息网

福建省龙海九湖食用菌研究所；http://www.zzmushroom.com。咨询电话：0596-6638338。

8. 菌林网——最专业食用菌技术论坛

网址：www.junlinw.com；www.ch.junlin.com。客服 QQ：2468307922。电话：13977257221。

9. 中国食用菌教学网 （菇讯论坛）

http://www.guxunbbs.com/portal.php。

10. 江苏食用菌网

网址：http://www.jssyj.com。联系电话：15996019451

投稿邮箱：admin@jssyj.com　客服QQ：386011465。

三、国内部分菌种、药械生产单位

单位	业务内容	电话
中国农业科学院农业资源与农业区划研究所	食用菌一级种、保藏菌种	北京市海淀区中关村南大街12号 邮编：100081 电话：010-82109640
中国农科院土壤肥料研究所	食用菌一级种、保藏菌种	北京市中关村南大街12号
中国科学院微生物研究所	食用菌一级种、保藏菌种	北京市朝阳区北辰西路1号院3号　邮编：100101 电话：010-64807462
中国普通微生物菌种保藏管理中心	食用菌保藏菌种	北京市朝阳区北辰西路1号院3号,中国科学院微生物研究所 邮编：100101 电话：010-64807355
山东省农科院农业资源与环境研究所（原省农科院土肥所）	食用菌一级种、药物；技术合作；技术指导；技术咨询	济南市历城区工业北路202号 0531-83179079 18660782882
济南市历城农科食用菌研究所	一级脱毒菌种、三维精素、百病傻、赛百09药物、技术咨询、合作研发等	济南市历城区桑园路10号 0531-83179857 13583164450
山东省寿光市食用菌研究所	一级种、二级种、三级种生产供应,相关菌需物资、技术咨询与指导	13853622920
山东省寿光市（省农科院）食用菌试验示范基地	脱毒菌种繁殖推广、精素、杀菌杀虫药物、技术服务等,鲜菇	15866111802
辽宁省营口市科兴净化设备研究所	食用菌接种净化机、臭氧灭菌消毒机、接种流水线	0417-2618971 13604970612
潍坊市益民食用菌研究中心	食用菌种、供原料、技术指导、菌需物资	0536-4511620、13406464319
山东省临沂市河东区水暖设备研究所	大棚水温空调器	0539-8395597、13854910123
济南市历城区金鑫源供水设备厂	食用菌高压灭菌罐（柜）、拌料机、装袋机；供水设备、换热机组、暖通设备、水处理设备等	0531-86991817、13573752861

续表

单位	业务内容	电话
上海市农科院食用菌研究所	食用菌一级种、原始保藏菌种	上海市奉贤区金齐路1000号 邮 编：201403 电话：021-62201335 62201337
江苏省南京市食用菌种站	食用菌种	江苏省南京市光华门火车站33号 邮编210008
江苏省农科院蔬菜所	食用菌种	南京玄武区钟灵街50号江苏省农科院蔬菜研究所食用菌中心,咨询电话:025-84390262
福建省蘑菇菌种研究推广站	双孢菇菌种	福建福州市晋安区前横路95弄10号 电话:86-591-88056257
福建省三明真菌研究所	食用菌一级种、原种、栽培种	福建省三明市梅列区新市北路绿岩新村156幢 0598-8222532、8254098
福建省龙海市九湖食用菌所	食用菌种、材料、药物、食用菌生产配套机械、食用菌生产技术	0596-6638338、13960005568
浙江省余姚市凯鹏电器厂	食用菌专用灭虫器 专利号:(ZL 2010 2 0220750.7)	浙江省余姚市泗门镇陶家路村江东中心路42号 057462170238、13777103882
杭州华丹农产品有限公司	促酵剂	技术服务:0571-87960715;13336050159
承德黄林硒盛菌业有限公司	菌种;富硒营养料;富硒平菇、富硒香菇;各种功能蘑菇	河北省平泉县黄土梁子镇驻地 0314-6419885、13931416355

四、 常用药品、 药械功能及其作用

1. 食用菌三维营养精素（拌料型）

为基料补充中微量元素营养，使基料营养达到全面、丰富、均衡，使食用菌菌丝最大限度的得到营养保障，从而提高菌丝的健壮度和发菌速度。

每袋（120克）拌干料250千克；生料、熟料可直接将之溶解后拌入，发酵料栽培时，最好在基本完成发酵时加入。

2. 食用菌三维营养精素（喷施型）

每袋对水 15 千克，直喷子实体。

与拌料型结合使用，一般增产率在 30％左右。

3. 百病傻

主要用于真菌、细菌性病害的预防及杀灭。一般用于覆土材料的处理、菇棚的预防性杀菌、发菌及出菇期间的预防性用药，对已发生的杂菌和病害，可使用高浓度药物予以直接喷洒或涂刷。用作预防性喷施时，最好与赛百 09 药物交替使用，以防病原菌产生抗药性。

一般使用浓度为 300～500 倍。

4. 赛百 09

主要用做杀菌和抑菌，生产中多用于拌料、预防性用药、直接杀灭杂菌病害等。

拌料：每袋拌干料 100 千克；预防性用药：一般浓度为 200～300 倍；发生杂菌病害后，直接喷洒，也可涂刷。

5. 黄菇一喷灵

主要作用于细菌性病害，如黄菇病、腐烂病等，在冬春之交季节，可用做预防性喷洒，效果很好。

一般使用浓度为 300～500 倍，生产新区预防性用药最低可达 1000 倍左右，发病严重时最高可达 200～300 倍。

6. 漂白粉

主要用于预防、抑制或杀灭细菌性病害，尤其用于预防性用药效果较好。

根据环境和病害的发生程度，一般可配制 0.1％～1％的浓度。

7. 香菇专用添加剂

主要用于香菇的拌料，目的是增加生物量和产菇量，提高菌丝的健壮及其抗性，并有效增加生物学效率。

一般使用方法：将该添加剂与原料按 1：2000 的比例使用。

8. 生长素

促进菌丝生长，加速子实体形成，提高菇品质量。

9. 食用菌接种净化机

净化局域空气，以防真菌、细菌落入接种范围。

一般开机 10 分钟后即可开始接种操作。

10. 大棚水温空调器

主要用于菇棚的升温、降温。根据设备的规格不同，可控制不同面积（容积）的菇棚。

江北地区冬季可升温菇棚至 30℃左右，并有控温装置予以自动控温；夏季可降温至 23℃左右。

最新消息：一种最新型的"水温空调器"即将面世，该空调器在山东地区，夏季可使菇棚内的温度降温至 15℃左右，仅较地下水温度高 1℃左右。

11. 蘑菇健壮素

刺激菌丝生长增加产量、提高产品质量。

12. 高分子微孔透气菌袋

特殊材料的加入，使得原本普通的塑料袋具有微孔透气功能，尤其做熟料栽培时，可以最大限度地增加基内通气性、防止污染、提前完成发菌。

13. 硫酸铜

深蓝色结晶或粉末，有金属味，又名胆矾、蓝矾，分子式 $CuSO_4 \cdot 5H_2O$，用作农业杀虫剂、杀菌剂以及饲料添加剂等。在空气中存放时间较长会风化变成白色，易溶于水，水溶液呈弱酸性，有收敛作用及较强的杀病原体能力，对于一般原生动物和有胶质的低等藻类，有较强的毒杀作用。硫酸铜的杀毒原理是铜离子的强氧化性，硫酸铜杀灭虫菌具有杀菌谱广、持效期长、病菌不会产生抗性的特点。一般生产上的使用浓度为180倍左右，可根据病害情况进行调整，并可与石灰联合使用，制成波尔多液，硫酸铜1000克、生石灰1000克和50千克水配制成的天蓝色胶状悬浊液，即为1∶1的等量波尔多液。配料比可根据需要适当增减。波尔多液呈碱性，有良好的粘附性能。

14. 食用菌专用灭虫器

食用菌专用灭虫器，截至目前，是国内唯一专门用于食用菌生产中灭杀虫害的工具，其物理性手段为我们的食用菌生产拒绝农药、拒绝残留提供了科技支撑。受凯鹏电器厂委托，我们于2012年开始对食用菌专用灭虫器进行了专项试验，结果证明：试验中菇棚内的成虫数量不足对照的1/3，而且没有化学药物、没有残留、没有刺激性物质和气味，并且，虫害防治成本很低，按每天最大开机时间10小时计算，电费不足0.10元，可以用于绿色或有机食用菌生产。

15. 微喷带

一种黑色的喷水软管，折面的一半处分布有激光微孔，在给水的压力下，喷出蒙蒙水雾，给菇棚增加湿度。尤其野外的地栽木耳，喷雾时在阳光下呈现道道彩虹，增湿效果非常好。有的产品喷出的不是雾状，而是水线，说明喷水孔较大，尤其不适应幼菇阶段，选择时应予注意。

五、 常用添加剂和药物成分及使用说明

1. 酒精

食用酒精（C_2H_5OH），乙醇含量一般95％左右，生产上多用75％浓度。最简单的配兑方法：准备95％的食用酒精75毫升，加

入 20 毫升蒸馏水，即可配出浓度为 75％的酒精 95 毫升。注意点：一般大桶装酒精，经过多次运输和长期储存以及自然散发等原因，零售时乙醇含量往往与标注不符，因此，配兑时适量减少加水量，一般降幅可按 15％左右计算。

2. 漂白粉

有效成分为次氯酸钙 Ca（ClO）$_2$，一般有效氯含量约 28％～35％，有较好的漂白作用和杀菌作用。漂白粉易受潮分解，水解后产生次氯酸，不好保存。主要用法就是 1‰浓度喷洒。

3. 食用菌三维营养精素（三维精素）

一种复配中微量元素营养补充剂。分为两种剂型，即拌料型和喷施型。拌料型每 120 克可拌干料 250 千克，喷施型每 6 克对水 15 千克（背负式喷雾器容水量），直喷子实体；两者结合可使增产 30％左右。注意事项：拌料型适应性广泛，但是，部分品种不适应喷施型，如金针菇、鸡腿菇等不能直接喷水的品种，不可喷施三维精素。

4. 香菇专用添加剂

根据菌丝生长需要研发的营养型添加剂，主要成分与三维精素相仿，但比例不同。使用比例为 1∶2000，每吨干料只用 500 克拌料即可。主要作用是长期为菌丝提高全面均衡的营养，使得菌丝旺盛、茂密，增强分解基质的能力，为出菇奠定良好的物质基础。

5. 赛百 09

主要成分为二氯杀菌剂（$C_3O_3N_3Cl_2Na$），是一种具有杀菌广谱、高效低毒、使用安全、储存稳定、便于运输等优点的消毒剂，生产上可用于拌料。赛百 09 的用法：①150～300 倍喷洒菇房菇棚，进行事前消杀；②发菌及出菇期，每 3～7 天喷洒一次，抑制或杀灭外来病原菌；③直接对病区注射、撒药粉，或浸洗菌袋，可有效杀死病菌；④直接拌料，效果优于一般杀菌剂。

6. 百病傻

主要成分为咪鲜胺锰盐[$(C_{15}H_{16}C_{13}N_3O_2)_4MnCl_2$]等，具有保护和铲除作用，无内吸作用，按中国农药毒性分级标准，属低毒杀菌剂。其作用机制主要是通过抑制甾醇的生物合成而起作用，最终导致病菌死亡。主要用法：①200～500倍喷洒菇房菇棚，进行事前消杀；②发菌及出菇期，每3～7天喷洒一次，抑制或杀灭外来病原菌；③直接对病区注射、撒药粉，或浸洗菌袋，可有效杀死病菌。

7. 糖醋液

为红糖、白酒、食醋、敌敌畏等普通市售品按比例复配而成，红糖、白酒、食醋、敌敌畏及水按1∶0.5∶0.5∶0.1∶100比例溶入热水中，即成糖醋诱杀液，诱杀爬虫类效果很好。用法：放入浅盘中即可，每天更换。

8. 高效驱虫灵

主要成分为蔗糖（$C_{12}H_{22}O_{11}$）和食醋（CH_3COOH），经微生物厌氧发酵而成，气味酸甜，略有酒糟味，无毒无残，菇蚊闻之避之不及，故有驱赶作用。用法为40～60倍喷洒。

9. 石膏粉

物理加工方法取得的生石膏粉。主要用法是拌料，比例多在0.5%～2%之间。

10. 草木灰

为植物燃烧后的灰烬，矿质元素含量较高。主要用途为拌料、菌畦内以及菌畦表面撒施等。

11. 三维精素混合液

以补充拌料型三维精素为主，辅之以尿素、蔗糖等物质，根据食用菌品种以及基料主要原料的不同进行调整。基本配比：三维精素 120 克，尿素 900 克，蔗糖 500 克，味精 60 克，水 300 千克，可浸泡 200～300 千克干料的菌袋，或喷洒 100～150 平方米的料面。

12. 黄菇一喷灵

复配制剂，主要成分为 $C_{22}H_{24}N_2O_9$，广谱抑菌剂，主要作用于细菌的核糖体，抑制蛋白质的正常合成，增强细胞膜的通透性，导致细菌内容物的外泄而杀灭细菌。产品浓度 60%，主要使用浓度为 300～500 倍稀释。

13. 食用菌原料催熟剂

主要用于双孢菇、姬松茸、金福菇等品种的基料发酵处理，可缩短发酵生产周期。具体成分及使用方法请咨询生产或供应商。

14. 自制毒饵

豆饼粉和麦麸炒香，与辛硫磷配成 50：50：0.1 的比例，拌匀后，每晚放于菇棚的边角即可，如果用土将毒饵覆盖，蝼蛄可钻入土堆，不受惊吓，昼夜尽可吃食毒饵，毒杀效果更好。

15. 乐果乳油

40%含量，使用浓度一般在 800～1000 倍，可喷洒空间和料表，部分地区将之用于拌料预防害虫，效果尚可。

16. 蜗牛敌

6%含量，专杀蜗牛类爬行小动物，也可自制诱杀毒饵，具体可参照本节 15 等内容。

17. 杀螨药物

主要有 28%达螨灵乳油、15%杀螨灵、73%克螨特等药物，具体使用浓度可按说明书的最低浓度；如虫口密度较大，可适当提

高浓度，并覆盖塑料膜，以增强杀灭效果。目前，该类药物多为
"阿维菌素"替代，可参考相关内容。

18. 杀螨醇

为20%乳油，外观淡黄色至红棕色单相透明油状液体，在酸
性中稳定，遇碱易分解。属于广谱性杀螨剂，对成螨、幼若螨和卵
均有效。有较好选择性，不伤害天敌，对害螨以触杀为主，残效期
长，无内吸作用。现在实际生产中杀灭多种螨类害虫的主要药物
之一。

19. 氯氰菊酯

除虫菊类药物，低残留，指5%乳油；对螨类无效。一般使用
1000倍液。

20. 高效氯氰菊

为含有效成分4.5%的乳油制剂。一种拟除虫菊酯类杀虫剂，
生物活性较高，是氯氰菊酯的高效异构体，具有触杀和胃毒作用。
杀虫谱广、击倒速度快，杀虫活性较氯氰菊酯高。

21. 二氯苯醚菊酯

浓度0.1%，该品为高效低毒杀虫剂，用于防治棉花；水稻；
蔬菜；果树茶树等多种作物害虫，也用于防治卫生害虫及牲畜害
虫。杀虫作用强烈，很低的浓度即可使害虫中毒死亡，农业上治虫
有效的浓度大多都在1/10000（100ppm）以下。现少有使用。

22. 多菌灵

本书涉及的多菌灵，为80%多菌灵纯粉。该药的主要特点：
残留期长，不易分解；市面上多有25%、40%、50%等含量的复
方或复配等类制剂，甚至还有"食用菌专用多菌灵"之类名称，由
于制造厂家多、标准难统一、规格混乱，甚至还有以"有效含量"
替代"多菌灵含量"等故意混淆视听的现象，所以，假冒伪劣产品

混杂其中，很难分辨，故本书以纯粉制剂为准进入生产，并限于菇棚外使用，不得用于拌料以及菇棚内喷施。

23. 克霉灵

主要成分是二氯异氰尿酸钠$[(C_3 Cl_2 N_3 O_3) Na]$，$(C_3 Cl_2 N_3 O_3) Na$有效含量60%左右，多做空间熏蒸使用的药物，厂家不同、生产标准不同，含量高低不同，有的甚至低于20%或更低，目的是为了压低价格。实际生产中，有的菇民贪图便宜购回含量很低的产品而使得实际应用效果不好，近年来的负面反映很多，应引起各方面的注意。

24. 漂白精

主要成分是次氯酸钙$[Ca (ClO)_2]$，一般一级品的有效氯含量为56%，最高含量可达70%左右。作为一种杀菌消毒剂，正确使用对人体是安全的。

25. 敌敌畏

有机磷杀虫剂，本书涉及的产品为标注含量为80%的敌敌畏商品，除用于菇棚外环境杀虫外，一般不予使用，尤其不得用于平菇生产场所。本品易燃，可点燃熏蒸，故在购买时可将此是否易燃、可燃作为判定真伪的手段之一。

26. 辛硫磷

指40%乳油注意要点：光分解药物，强光下4小时即可分解50%以上，因此，应予基料内或地面灌水使用，不得露地喷洒。

27. 毒辛

这是一种广谱、低毒、高效杀虫杀螨剂，实际生产中常用作辛硫磷（灭杀地下害虫）的替代品。具有触杀、胃毒、熏蒸作用，速杀性好，持效期长。毒辛对地下害虫特效。一般使用48克/升毒辛乳油。

28. 毒死蜱

中等毒性杀虫剂。具有胃毒、触杀、熏蒸三重作用，对多种咀嚼式和刺吸式口器害虫均具有较好防效，可与多种杀虫剂混用且增效作用明显（如毒死蜱与三唑磷混用）；与常规农药相比毒性低，对天敌安全，是替代高毒有机磷农药（如 1605、甲胺磷、氧乐果等）的首选药剂。杀虫谱广，易与土壤中的有机质结合，对地下害虫特效，持效期长达 30 天以上；无内吸作用，安全系数高，适用于无公害优质农产品的生产。使用中以 40％乳油最多，效果好，一般浓度为 1000～2000 倍。

29. 波尔多液

生产上多用等量式波尔多液，即硫酸铜：生石灰：水 ＝ 1：1：100 的比例制作而成。一般使用浓度 150～200 倍不等。

30. 煤酚皂

煤酚皂，又名煤焦油皂液，主要成分为甲基苯酚（化学式 C_7H_8O），俗名臭药水，含甲酚 50％。1％～2％水溶液用于手和皮肤消毒；3％～5％溶液用于器械、用具消毒；5％～10％溶液用于排泄物消毒。

31. 苯酚（C_6H_5OH）

俗称石炭酸，亦名来苏尔，是最简单的酚类有机物，一种弱酸。常温下为一种无色晶体。苯酚能使细菌细胞的原生质蛋白发生凝固或变性而杀菌。浓度约 0.2％即有抑菌作用，大于 1％能杀死一般细菌，1.3％溶液可杀死真菌。常用的消毒剂煤酚皂液就是含 47％～53％的三种甲苯酚混合物的肥皂水溶液。

32. 阿维菌素（0.9％乳油）

又名除虫菊素、虫螨光等，一种新型低毒杀虫剂，用于食用菌生产中，主要以拌料和空间喷洒为主。使用浓度一般为 2000～4000 倍。

参 考 文 献

[1] 李育岳，汪麟等．食用菌栽培手册．北京：金盾出版社，2001．
[2] 蔡衍山，吕作舟等．食用菌无公害生产技术手册，北京：中国农业出版社，2003．
[3] 曹德宾．食用菌三维精素及其增产机理，食用菌，上海：上海市农科院，2004，2期 24～25．
[4] 刘魁等．北方食用菌生产技术规程与产品质量标准．北京：中国农业大学出版社，2006．
[5] 曹德宾，于之庆等．食用菌六步致富宝典（第二版）．北京：化学工业出版社，2007．
[6] 吕作舟．食用菌无害化栽培与加工．北京：化学工业出版社，2008，7．
[7] 曹德宾，王广来等．中药废渣栽培平菇试验初报．中国食用菌，昆明：中国食用菌，2008，4期 17～18．
[8] 陈士瑜．菇菌生产技术全书．北京：中国农业出版社，1999．
[9] 曹德宾，姚利等．沼渣原料栽培鸡腿菇试验初报．食用菌，上海：上海市农科院，2008，5期 29～30．
[10] 曹德宾，袁长波等．茶薪菇101菌株的生物特性及其栽培要点．食用菌，上海：上海市农科院，2012，6期 16～17．
[11] 曹德宾，涂改临等．有机食用菌安全生产技术指南．北京：中国农业出版社，2012．